3D 打印应用技术

金秋　编著

机 械 工 业 出 版 社

本书系统地介绍了3D打印技术的全过程及其应用，主要内容包括：3D打印概述、3D打印材料、常见的3D打印工艺、金属3D打印工艺、3D打印企业、3D打印的应用、3D打印云平台。本书详细介绍了多种应用于3D打印的材料和工艺，让读者在了解其科学原理的基础上，能够更快地应用于实际生产过程；本书通过对多家知名国内外3D打印企业及其产品的介绍，可帮助读者深入了解和把握3D打印产业的发展现状、发展趋势和市场机遇；本书着重阐述了3D打印技术在航空航天、汽车、医疗等多个领域的实际应用及其前景展望，这些实例将为读者在相关行业中应用3D打印技术提供参考；本书还对涉及基于云平台的3D打印服务进行了全面剖析，以期带领读者以全新的视野和方法认识和掌握3D打印技术。

本书适合 3D 打印领域的工程技术人员和科研人员阅读，也可供相关专业的在校师生参考，同时也可以作为管理和投资决策咨询等领域的非工程技术人员和工程经济专业人员了解和学习 3D 打印技术的参考用书。

图书在版编目（CIP）数据

3D打印应用技术/金秋编著. —北京：机械工业出版社，2024.4
ISBN 978-7-111-75169-4

Ⅰ. ①3… Ⅱ. ①金… Ⅲ. ①立体印刷 – 印刷术 Ⅳ. ①TS853

中国国家版本馆 CIP 数据核字（2024）第 040432 号

机械工业出版社（北京市百万庄大街22号 邮政编码100037）
策划编辑：陈保华 责任编辑：陈保华 贺 怡
责任校对：王乐廷 李 杉 封面设计：马精明
责任印制：单爱军
北京虎彩文化传播有限公司印刷
2024年4月第1版第1次印刷
169mm×239mm · 13.5印张 · 238千字
标准书号：ISBN 978-7-111-75169-4
定价：68.00 元

电话服务 网络服务
客服电话：010-88361066 机 工 官 网：www.cmpbook.com
010-88379833 机 工 官 博：weibo.com/cmp1952
010-68326294 金 书 网：www.golden-book.com
封底无防伪标均为盗版 机工教育服务网：www.cmpedu.com

前 言

在21世纪科技飞速发展的背景下，3D打印技术凭借其突破性的制造方式，为传统制造业带来了重大变革。随着3D打印技术在汽车、航空航天、生物医学等领域的广泛应用，以及与相关材料和工艺的集成，3D打印技术正影响着许多行业的发展。

3D打印技术已成为工业4.0时代的重要支柱，以其快速、高效和一站式的特点，不仅加速了产品的上市速度，降低了生产成本，还有效解决了定制化生产满足个性化需求的问题。无论是在航空航天、汽车等制造领域，还是在医疗健康、教育、文化艺术等日常生活领域，3D打印技术都在悄无声息中渗透和改变着我们的生活方式。

然而，目前关于3D打印的书籍大多专注于工程技术领域，导致非工程技术人员了解3D打印技术受到限制。为此，作者编写了这本简明易懂的《3D打印应用技术》，以帮助读者快速、全面地了解3D打印的过程与工艺技术。

本书共分为7章。第1章回顾了3D打印技术的起源和发展，并对4D打印技术的发展现状进行了介绍；第2章分析了各类3D打印材料及其在各种工艺中的优势和局限性；第3、4章分别系统地介绍了常见的3D打印工艺和金属3D打印工艺；第5章对国内外知名的3D打印企业及其产品进行了介绍；第6章重点探讨了3D打印技术在航空航天、汽车、医疗等多个领域的广泛应用及其面临的问题和解决对策；第7章全面分析了3D打印云平台的起源和发展，对现有的一些3D打印云平台进行了介绍。

本书详细介绍了多种应用于3D打印的材料和工艺，让读者在了解其科学原理的基础上，能够更快地应用于实际生产过程。在企业案例方面，本书通过对多家知名国内外3D打印企业及其产品的介绍，可帮助读者深入了解和把握3D打印产业的发展现状、发展趋势和市场机遇。本书着重阐述了3D打印技术在航空航天、汽车、医疗等多个领域的实际应用及其前景展望。这些实例将为读者在相关行业中应用3D打印技术提供参考。随着近年来信息技术的快速发展，物联网、大数据、云计算等新兴技术也逐步渗透到3D打印领域，为更好地服务于客户提供了新的路径和机遇，因此本书还对涉及基于云平台的3D打印服务进行了全面剖析，以期带领读者以全新的视野和方法认识和掌握 3D 打印技术。

在本书编写过程中，参阅了大量国内外出版的有关书籍和资料，以及 3D 打印设备制造商、3D 打印服务平台和咨询网站提供的相关资料，在此向文献的作者和资料的提供者表示衷心的感谢。此外，感谢我的研究生王清岩、尹文文、朱昱颖、原博文和张文静等，他们对书稿的资料收集和整理提供了帮助和支持。

限于作者水平，在书中难免会出现一些瑕疵，敬请广大读者予以指正。

作　者

目　录

前　言

第 1 章　3D 打印概述 …… 1

1.1　引言 …… 1

1.2　3D 打印的起源 …… 2

1.2.1　照相雕塑技术 …… 2

1.2.2　地貌成形技术 …… 3

1.3　3D 打印的发展历程 …… 4

1.3.1　3D 打印的快速成形阶段 …… 4

1.3.2　3D 打印的增材制造阶段 …… 7

1.4　3D 打印的特点 …… 21

1.4.1　3D 打印的优点 …… 21

1.4.2　3D 打印存在的问题 …… 22

1.5　4D 打印技术 …… 23

1.5.1　4D 打印的发展历程 …… 24

1.5.2　4D 打印的构成要素 …… 25

1.5.3　4D 打印的应用前景 …… 30

参考文献 …… 32

第 2 章　3D 打印材料 …… 34

2.1　3D 打印聚合物材料 …… 34

2.1.1　热塑性聚合物 …… 34

2.1.2　热固性聚合物 …… 40

2.1.3　光敏树脂 …… 43

2.1.4　高分子凝胶 …… 44

2.2　3D 打印金属材料 …… 45

2.2.1　不锈钢 …… 46

2.2.2　铝合金 …… 46

2.2.3 钛合金 …… 47
2.2.4 镍基合金 …… 47
2.2.5 钴基合金 …… 47
2.2.6 铜合金 …… 48
2.2.7 液态金属 …… 48
2.2.8 其他金属 …… 48
2.3 3D 打印无机非金属材料 …… 49
2.3.1 陶瓷材料 …… 49
2.3.2 玻璃材料 …… 50
2.4 3D 打印复合材料 …… 50
2.4.1 碳纤维复合材料 …… 51
2.4.2 金属复合材料 …… 51
2.4.3 纳米颗粒强化复合材料 …… 52
2.5 3D 打印生物材料 …… 52
参考文献 …… 53
第 3 章 常见的 3D 打印工艺 …… 55
3.1 立体光固化成形 …… 55
3.1.1 立体光固化成形的发展历程 …… 55
3.1.2 立体光固化成形的工艺原理及流程 …… 56
3.1.3 立体光固化成形的材料 …… 58
3.1.4 立体光固化成形的设备 …… 59
3.1.5 立体光固化成形的优缺点 …… 60
3.1.6 立体光固化成形的精度分析 …… 61
3.1.7 立体光固化成形的应用 …… 63
3.1.8 立体光固化成形的发展趋势 …… 64
3.2 熔融沉积成形 …… 65
3.2.1 熔融沉积成形的发展历程 …… 65
3.2.2 熔融沉积成形的工艺原理及流程 …… 66
3.2.3 熔融沉积成形的材料 …… 68
3.2.4 熔融沉积成形的设备 …… 69
3.2.5 熔融沉积成形的优缺点 …… 70
3.2.6 熔融沉积成形的精度分析 …… 70
3.2.7 熔融沉积成形的应用 …… 73

3.2.8 熔融沉积成形的发展趋势 …… 74
3.3 三维印刷 …… 74
3.3.1 三维印刷的发展历程 …… 75
3.3.2 三维印刷的工艺原理与流程 …… 75
3.3.3 三维印刷的材料 …… 77
3.3.4 三维印刷的设备 …… 77
3.3.5 三维印刷的优缺点 …… 79
3.3.6 三维印刷的应用 …… 79
3.3.7 三维印刷的发展趋势 …… 80
3.4 叠层实体制造 …… 81
3.4.1 叠层实体制造的发展历程 …… 81
3.4.2 叠层实体制造的工艺原理及流程 …… 81
3.4.3 叠层实体制造的材料 …… 83
3.4.4 叠层实体制造的设备 …… 83
3.4.5 叠层实体制造的优缺点 …… 84
3.4.6 叠层实体制造的精度分析 …… 84
3.4.7 叠层实体制造的应用 …… 85
3.4.8 叠层实体制造的发展趋势 …… 85
3.5 选区激光烧结 …… 85
3.5.1 选区激光烧结的发展历程 …… 86
3.5.2 选区激光烧结的工艺原理及流程 …… 87
3.5.3 选区激光烧结的材料 …… 88
3.5.4 选区激光烧结的设备 …… 89
3.5.5 选区激光烧结的优缺点 …… 90
3.5.6 选区激光烧结的应用 …… 90
3.6 多射流熔融 …… 92
3.6.1 多射流熔融的发展历程 …… 92
3.6.2 多射流熔融的工艺原理 …… 93
3.6.3 多射流熔融的材料 …… 93
3.6.4 多射流熔融的设备 …… 94
3.6.5 多射流熔融的优缺点 …… 94
3.6.6 多射流熔融的应用 …… 95
3.6.7 多射流熔融的发展趋势 …… 97

参考文献 …… 98
第 4 章 金属 3D 打印工艺 …… 99
4.1 选区激光熔化 …… 99
4.1.1 选区激光熔化的发展历程 …… 99
4.1.2 选区激光熔化的工艺原理及流程 …… 100
4.1.3 选区激光熔化的材料 …… 101
4.1.4 选区激光熔化的设备 …… 102
4.1.5 选区激光熔化的优缺点 …… 102
4.1.6 选区激光熔化的质量问题 …… 103
4.1.7 选区激光熔化的应用 …… 103
4.1.8 选区激光熔化的发展趋势 …… 106
4.2 电子束熔化 …… 107
4.2.1 电子束熔化的发展历程 …… 107
4.2.2 电子束熔化的工艺原理及流程 …… 107
4.2.3 电子束熔化的材料 …… 109
4.2.4 电子束熔化的设备 …… 109
4.2.5 电子束熔化的优缺点 …… 110
4.2.6 电子束熔化的质量问题 …… 111
4.2.7 电子束熔化的应用 …… 111
4.2.8 电子束熔化的发展趋势 …… 112
4.3 激光近净成形 …… 113
4.3.1 激光近净成形的发展历程 …… 113
4.3.2 激光近净成形的工艺原理及流程 …… 114
4.3.3 激光近净成形的材料 …… 115
4.3.4 激光近净成形的设备 …… 115
4.3.5 激光近净成形的优缺点 …… 115
4.3.6 激光近净成形的质量问题 …… 115
4.3.7 激光近净成形的应用 …… 116
4.3.8 激光近净成形的发展趋势 …… 116
4.4 电子束熔丝沉积 …… 117
4.4.1 电子束熔丝沉积的发展历程 …… 117
4.4.2 电子束熔丝沉积的工艺原理及流程 …… 118
4.4.3 电子束熔丝沉积的材料 …… 118

4.4.4　电子束熔丝沉积的设备 …… 119
4.4.5　电子束熔丝沉积的优缺点 …… 120
4.4.6　电子束熔丝沉积的应用 …… 120
4.4.7　电子束熔丝沉积的发展趋势 …… 120
4.5　电弧增材制造 …… 121
4.5.1　电弧增材制造的发展历程 …… 121
4.5.2　电弧增材制造的工艺原理及流程 …… 122
4.5.3　电弧增材制造的材料 …… 123
4.5.4　电弧增材制造的优缺点 …… 123
4.5.5　电弧增材制造的应用 …… 123
4.5.6　电弧增材制造的发展趋势 …… 123
参考文献 …… 124
第5章　3D打印企业 …… 126
5.1　国外部分3D打印企业介绍 …… 126
5.1.1　Stratasys公司 …… 126
5.1.2　3D Systems公司 …… 127
5.1.3　EOS公司 …… 129
5.1.4　SLM Solutions公司 …… 129
5.1.5　Concept Laser公司 …… 131
5.1.6　MakerBot公司 …… 132
5.1.7　UltiMaker公司 …… 132
5.1.8　Markforged公司 …… 133
5.1.9　Desktop Metal公司 …… 134
5.2　国内部分3D打印企业介绍 …… 135
5.2.1　西安铂力特增材技术股份有限公司 …… 135
5.2.2　湖南华曙高科技股份有限公司 …… 138
5.2.3　杭州先临三维科技股份有限公司 …… 141
5.2.4　武汉华科三维科技有限公司 …… 142
5.2.5　上海联泰科技股份有限公司 …… 143
5.2.6　苏州中瑞智创三维科技有限公司 …… 145
5.2.7　鑫精合激光科技有限公司 …… 147
5.2.8　深圳市创想三维科技股份有限公司 …… 148
5.2.9　南京中科煜宸激光技术有限公司 …… 150

5.2.10 北京太尔时代科技有限公司 …… 151
5.3 国内部分 3D 打印核心器件生产企业介绍 …… 152
5.3.1 大族激光科技产业集团股份有限公司 …… 152
5.3.2 武汉锐科光纤激光技术股份有限公司 …… 153
5.3.3 深圳市杰普特光电股份有限公司 …… 153
5.3.4 爱司凯科技股份有限公司 …… 153
参考文献 …… 154
第 6 章 3D 打印的应用 …… 155
6.1 3D 打印在航空航天领域的应用 …… 155
6.1.1 探月工程方面 …… 155
6.1.2 零部件生产方面 …… 157
6.2 3D 打印在汽车领域的应用 …… 158
6.2.1 研发方面 …… 158
6.2.2 零部件生产方面 …… 158
6.2.3 分布式生产方面 …… 160
6.3 3D 打印在医疗领域的应用 …… 160
6.3.1 医学模型制作方面 …… 161
6.3.2 器官制作方面 …… 161
6.3.3 药物研发方面 …… 162
6.3.4 义肢制造方面 …… 163
6.3.5 骨组织修复方面 …… 164
6.3.6 齿科方面 …… 164
6.3.7 医学教育方面 …… 167
6.4 3D 打印在食品领域的应用 …… 168
6.5 3D 打印在建筑领域的应用 …… 170
6.5.1 建筑模型方面 …… 170
6.5.2 建筑物方面 …… 171
6.6 3D 打印在日用品领域的应用 …… 172
6.6.1 运动鞋方面 …… 172
6.6.2 服饰方面 …… 172
6.6.3 眼镜方面 …… 174
6.6.4 珠宝方面 …… 175
6.6.5 家具方面 …… 176

6.7　3D打印在文物考古领域的应用 …… 177
6.8　3D打印在教育领域的应用 …… 179
6.8.1　创客教育方面 …… 179
6.8.2　职业教育方面 …… 180
6.8.3　基础教育方面 …… 181
6.8.4　特殊教育方面 …… 182
6.9　3D打印在国防军工领域的应用 …… 183
参考文献 …… 185
第7章　3D打印云平台 …… 186
7.1　3D打印云平台的发展历程 …… 186
7.1.1　起源阶段 …… 186
7.1.2　增长阶段 …… 186
7.1.3　成熟阶段 …… 187
7.2　3D打印云平台体系架构 …… 187
7.2.1　云平台分层架构 …… 187
7.2.2　3D打印云平台基本架构 …… 190
7.2.3　3D打印云平台各层次的功能分析 …… 190
7.3　3D打印云平台管理 …… 192
7.3.1　3D打印云平台服务管理 …… 192
7.3.2　3D打印云平台服务流程 …… 194
7.3.3　3D打印云平台安全和隐私保护 …… 195
7.3.4　3D打印云平台监控和性能优化 …… 196
7.4　国内部分3D打印云平台介绍 …… 197
7.4.1　华融普瑞 …… 198
7.4.2　魔猴网 …… 198
7.4.3　厚德数字化平台 …… 199
7.4.4　四度空间 …… 200
7.4.5　创想云 …… 201
7.4.6　国内其他3D打印云平台 …… 201
参考文献 …… 202

第1章 3D打印概述

1.1 引言

所谓3D打印，是一种以数字模型文件为基础，运用粉末状金属或塑料等材料，通过逐层打印的方式来构造物体的技术。日常生活中使用的普通打印机可以打印计算机设计的平面物品，常用普通打印机的工作原理是将计算机的处理结果打印在相关介质上，所采用的打印材料是墨水和纸张。3D打印与普通打印机的基本原理有相似之处，只是3D打印机内装有金属、陶瓷、塑料、砂等不同的打印材料，是实实在在的原材料。3D打印机与计算机连接后，通过计算机控制可以把打印材料一层层叠加起来，最终打印出真实的3D物体。

随着3D打印技术的不断发展，所使用的打印材料种类不断增加，每层材料的打印方式以及各层之间的黏结方式不断创新，新型的3D打印工艺不断产生。但所有的3D打印工艺都是通过材料的逐层叠加实现物体从无到有、从小到大的过程，也正是由于3D打印的这一特点，人们也将3D打印称为增材制造（additive manufacturing，AM），即3D打印是通过逐渐增加材料的方法来完成制造过程的。

由于3D打印技术的灵活性和创新性，服务提供商可以开发出各种独特的产品和解决方案，满足不同行业和领域的需求。目前该技术已广泛应用于医疗、航空航天、工业设计、艺术创作、珠宝、建筑、服装等诸多领域。例如，在医疗领域，可以使用3D打印技术制造个性化的义肢和医疗器械，使得医生和患者的治疗选择多样化，更好地实现精确诊断与个性化治疗，而且产品响应速度得到提升，库存压力和潜在风险得以降低，并可节约部分运输成本，也补充了医疗市场存在的部分应用空白。在建筑领域，可以使用3D打印技术建造复杂的建筑结构。在工业领域，通过 3D 打印技术，服务提供商可以为客户提供快速的零件替换和修复服务，客户不再需要等待数周或数月来获取所需的零件，而是可以通过 3D 打印技术在短时间内获得所需的零件，从而减少停机时间和提高设备的可用性。这些创新的产品和解决方案将为服务提供商带来更多的商机和竞争优势。因此，有专家认为 3D 打印技术正在重塑全球制造业竞争格局。

1.2 3D 打印的起源

任何新技术都不是一蹴而就的，3D 打印从诞生到现在，已经跨越 3 个世纪。中国物联网校企联盟把 3D 打印称作“上上个世纪的思想”，即 3D 打印技术的核心思想最早可以追溯到 19 世纪中期的照相雕塑技术（photosculpture）和地貌成形技术（topography）。

1.2.1 照相雕塑技术

照相雕塑技术是指先用相机和镜头获取物体外形，再模拟照相制版法制造出物体。该技术出现于 19 世纪，其目的是创造物体的精确三维复制品。

1860 年，法国雕刻家和摄影师 François Willème 发明了多照相机实体雕塑技术。这种技术将 24 台照相机围绕 360°等间距分布同时对实体进行拍摄，根据每台照相机拍下来的照片雕刻出整个实体雕塑的 1/24，利用 24 台照相机拍摄的图片就能够雕刻出整个实体雕塑，如图 1-1 所示。这也就是今天 3D 扫描技术的鼻祖。值得一提的是，虚拟现实（virtual reality，VR）全景就是采用这样的拍摄手法。

1902 年，为了减轻 Willème 照相雕塑技术繁重的手工劳动，Carlo Baese 提出了用光敏聚合物制造塑料零件的原理。1922 年，Monteah 开发了类似的技术并加以改进。

图 1-1 François Willème 的照相雕塑技术

1951 年，Munz 开发了一种具有现代光固化技术特征的系统。该系统逐层选择性地曝光透明的感光乳剂，每层的形状来自被扫描物体的横截面，然后通过降低气缸中的活塞并添加适量的感光乳剂和固定剂来形成各层。曝光并固定后，生成的实体透明圆柱体包含物体的三维图像，随后可以通过手工雕刻或光化学蚀刻得到该三维物体，如图 1-2 所示。

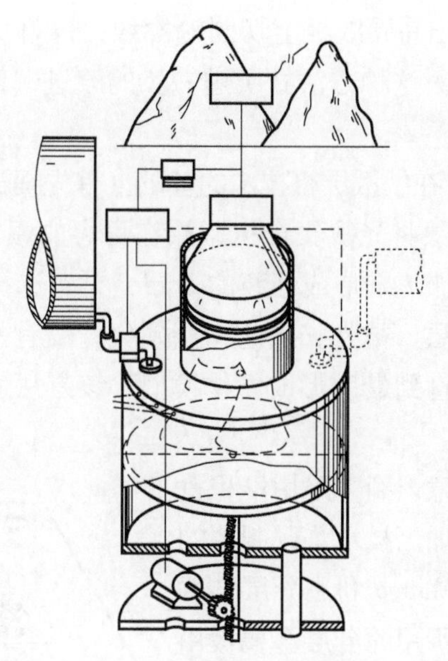

图 1-2　Munz 再现物体三维图像的工艺

1.2.2　地貌成形技术

地貌成形技术是指先用线性方式描绘物体的外形，再用线性形式复制出该物体。

1890 年，Joseph Blanther 首次在公开场合提出使用层叠成形方法制作地形图的构想，即将地形图的高轮廓线印制在蜡板上，再按照轮廓切割蜡板，然后逐层粘贴得到三维地形图，如图 1-3 所示。这就是增材制造的基本原理。

1935 年，日本的 Morioka 开发了一种融合照相雕塑技术和地貌成形技术的混合技术。该技术使用结构光（黑白光带）以照相方式创建物体的轮廓线，然后将这些线条展开成片材并进行切割和堆叠，如图 1-4 所示。

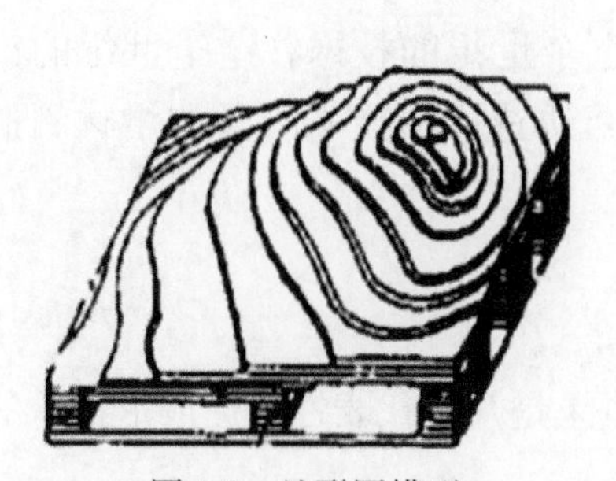

图 1-3　地形图模型

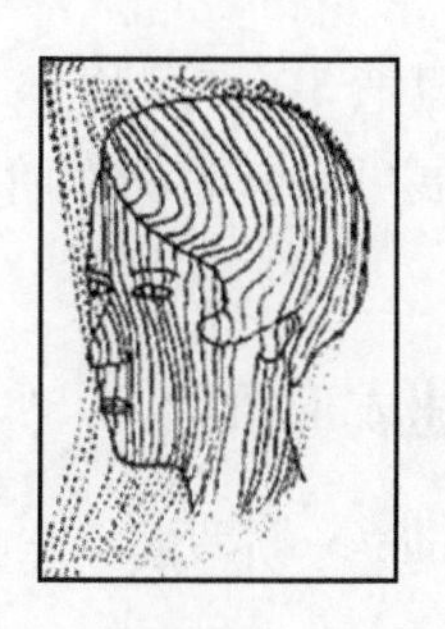

图 1-4　Morioka 制造浮雕的工艺

1940 年，Perera 提出在硬纸板上切割轮廓线，再将切割出的纸板黏结成三维地形图的方法。Zang 对这种方法做了进一步的改进，他建议使用透明板，每个板上刻有地形细节。

1972 年，Matsubara 在纸板层叠技术的基础上首先提出一种使用光固化材料处理地形的方法。该方法将光敏聚合树脂涂在耐火的颗粒（比如石墨粉或砂）上，然后将其铺成层并加热以形成连续的薄层，再有选择地用光（比如从汞蒸气灯发出的光）扫描薄层，被光扫描的树脂硬化，没有扫描的树脂被化学溶剂溶解掉。薄层不断堆积直到最后形成立体模型。该方法适用于制作传统工艺难以加工的曲面。

1974 年，DiMatteo 意识到，采用堆积叠加技术可用于生产传统加工技术难以制造的物体。图 1-5 所示为 DiMatteo 利用分层堆叠技术设计的模具，叠层所用的各层金属板由铣刀加工而成，然后通过黏结、螺栓或锥销等方式将各薄层连接起来。该设想是叠层实体制造的雏形。

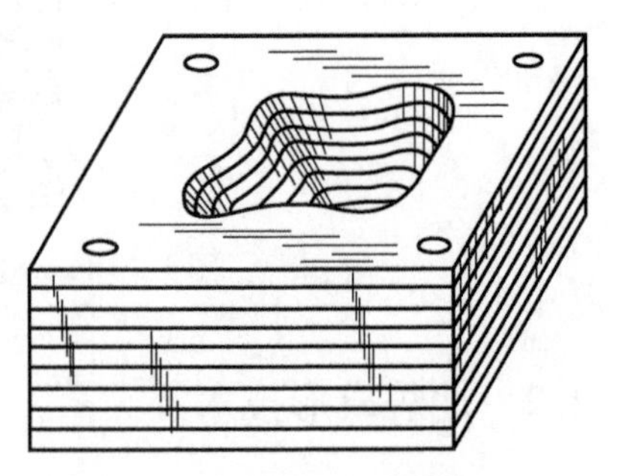

图 1-5　DiMatteo 利用分层堆叠技术设计的模具

1977 年，Swainson 提出可以通过激光选择性照射光敏聚合物的方法直接制造立体模型。

1979 年，日本东京大学生产技术研究所的中川威雄（Takeo Nakagawa）教授发明了叠层模型造型扫描振镜法。他使用层压技术生产实际工具，并提到了注塑模具中复杂冷却通道的可能性。

1.3　3D 打印的发展历程

中国物联网校企联盟把 3D 打印称作“上个世纪的技术，这个世纪的市场”，3D 打印技术的发展可以分为两个阶段：快速成形技术阶段和增材制造阶段。

1.3.1　3D 打印的快速成形阶段

快速成形（rapid forming）阶段的标志性成果是几种代表性快速成形技术的诞生。

1981 年，日本名古屋市工业研究所的小玉英夫（Hideo Kodama）博士提出了利用光固化聚合物这一快速成形系统制造三维模型的方法，并给出了三种不同的方案：①使用掩模控制紫外光光源的曝光，并将模型向下浸入光聚合物液体桶中以建立新层（见图 1-6a）；②同样使用掩膜，但将掩膜和曝光定位在大桶底部并向上绘制模型以创建新图层（见图 1-6b）；③如方法①那样浸入模型，但使用 $x—y$ 绘图仪和光纤来制造新层（见图 1-6c）。这项研究是描述 3D 打印逐层成形方法的第一篇文献，可惜未将其商业化。

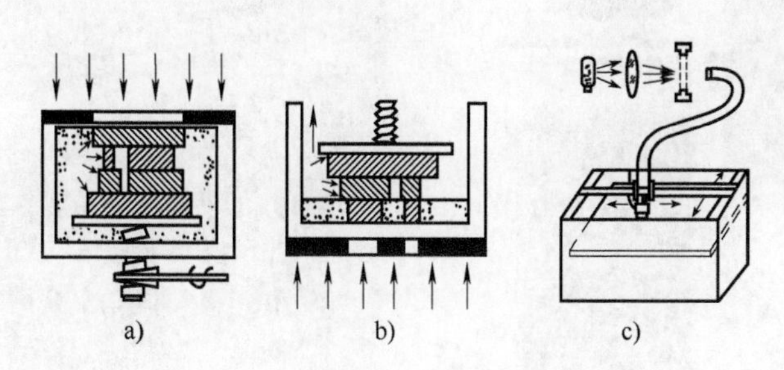

图 1-6　三种光聚合物系统的示意图

1984 年，三名法国工程师 Alain LeMéhauté、Olivier de Witte 和 Jean ClaudeAndré 申请了立体光刻工艺的专利。但这三个人在提交专利后不久就放弃了该专利，理由是“缺乏商业前景”。

1984 年（立体光固化成形技术元年），美国人查尔斯・赫尔（Charles Hull）发明了立体光固化成形（stereo lithography appearance，SLA）技术，这是 3D 打印技术发展的一个里程碑。1986 年，Charles Hull 创立了 3D Systems 公司，这是世界上第一家 3D 打印公司，并于 1988 年生产出世界上第一台 3D 打印机 SLA-250，如图 1-7 所示。尽管 SLA-250 身形巨大且价格昂贵，但它的面世意味着 3D 打印技术商业化的开始。由于 Charles Hull 在 3D 打印领域的杰出贡献，他被称为“3D 打印技术之父”，并于 2014 年进入美国专利商标局的发明家名人堂。

1986 年（叠层实体制造技术元年），美国 Helisys 公司的迈克尔・费金（Michael Feygin）提出了叠层实体制造（laminated object manufacturing，LOM）技术。Helisys 公司于 1991 年推出首台叠层实体制造的商业机器 LOM-1015，如图 1-8 所示。Helisys 公司 2000 年倒闭后，其技术由 Cubic Technologies 公司接替。

1988 年（熔融沉积成形技术元年），美国学者斯科特・克伦普（Scott Crump）发明了熔融沉积成形（fused deposition modeling，FDM）技术，并于 1989 年成立了 Stratasys 公司。FDM 技术利用蜡、ABS 树脂、聚碳酸酯（PC）、聚酰胺（PA，俗称尼龙）等热塑性材料来制作物体。1992 年，推出了第一台基于 FDM 技术的 3D 工业级打印机“3D 造型者（3D Modeler）”，如图 1-9 所示。这标志着 FDM 技术步入商用阶段。

图 1-7　SLA-250

图 1-8　LOM-1015

1988 年，在美国加州大学洛杉矶分校做访问学者的颜永年回国后，建立了清华大学激光快速成形中心。

1989 年，美国得克萨斯大学奥斯汀分校的 Carl Deckard 发明了选区激光烧结（selective laser sintering，SLS）技术，并成立了 DTM 公司（2001 年被美国 3D Systems 收购）。SLS 技术应用广泛并支持多种材料成形，如聚酰胺、蜡、陶瓷，甚至是金属。SLS 技术让 3D 打印生产走向多元化。

1990 年，华中科技大学王运赣教授在美国参观访问时接触了刚问世不久的快速成形机。最初，王运赣教授想从最早出现的基于光敏树脂原料的光固化立体成形技术做起。然而，液态光敏树脂材料的价格太高，华中科技大学转攻以纸为原料的叠层实体制造技术。

1991 年，华中科技大学成立快速制造中心，开始研发基于纸材料的快速成形设备。

1992 年，西安交通大学卢秉恒教授赴美做高级访问学者，发现了快速成形技术在汽车制造业中的应用，回国后随即转向研究这一领域。

1992 年，美国 DTM 公司推出 Sinterstation 2000 系列 SLS 设备，如图 1-10 所示。

1993 年（三维印刷技术元年），美国麻省理工学院的 Emanual Sachs 教授发明了三维印刷（three-dimensional printing，3DP）技术。这种技术类似于喷墨打印机，通过向金属、陶瓷等粉末喷射黏结剂的方式将材料逐片成形，然后进行烧结制成最终产品。其优点为制作速度快，价格低廉。

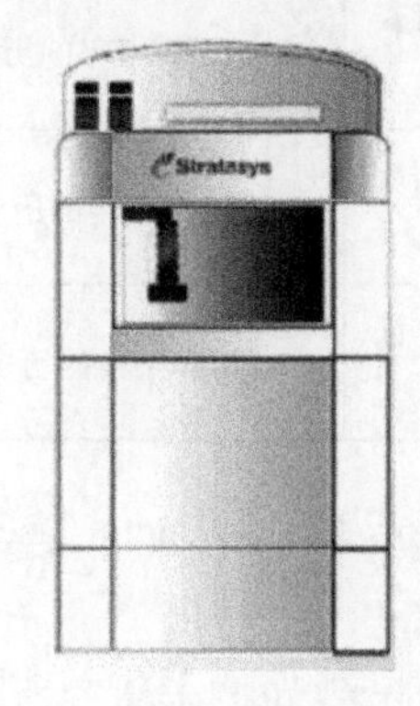

图 1-9　首台 FDM 3D 打印机

图 1-10　Sinterstation 2000 系列 SLS 设备

1993 年，罗伊登·桑德斯（Royden Sanders）创立了 Solidscape（最初称为 Sanders Prototype Inc.），该公司创建了蜡像 3D 打印机。Solidscape 在 1994 年发布了他们的第一台蜡像 3D 打印机 Model Maker。北京殷华激光快速成形与模具技术有限公司、北京隆源自动成型系统有限公司陆续成立。

1994 年（电子束熔化技术元年），瑞典 Arcam 公司发明了电子束熔化（electron beam melting，EBM）技术。

1994 年，华中科技大学研制出薄材叠层快速成形系统样机 HRP-I，并于 1995 年参加北京国际机床展，成为我国首台参加展览的快速成形系统。采用 LOM 技术制作冲模，约比传统方法节约 1/2 成本，生产周期也大大缩短。

1994 年，西安交通大学卢秉恒教授成立先进制造技术研究所，开始研发国产 3D 打印机。1995 年 9 月 18 日，卢秉恒教授团队的样机在国家科委论证会上获得了很高的评价。

1995 年，美国 Z Corporation 公司（2012 年被美国 3D Systems 公司收购）从麻省理工学院获得 3DP 技术的唯一授权，开始生产 3D 打印机。

1.3.2　3D 打印的增材制造阶段

快速成形时期的 3D 打印技术主要用于打印非金属材料。随着 3D 打印技术的进步和社会需求的推动，人们致力于用这项技术制造金属零件，自此 3D 打印技术逐渐进入增材制造阶段，与等材制造、减材制造齐名（三种制造方式的对比见表 1-1），3D 打印技术得到日益广泛的应用。

表 1-1 三种制造方式对比

制造方式	特点	距今时间
等材制造	通过铸、锻、焊等方式生产制造产品，材料质量基本不变	3000 多年的历史
减材制造	使用车、铣、刨、磨等设备对材料进行切削加工以达到设计形状	300 多年的历史
增材制造	通过一定技术使材料一点点累加形成需要的形状，也就是 3D 打印	30 余年的历史

1995 年，德国的 EOS 公司发布了直接金属激光烧结（direct metal laser sintering，DMLS）技术及打印机 EOSINT M 250。

1995 年（选区激光熔化技术元年），德国 Fraunhofer 激光技术研究所研发了选区激光熔化（selective laser melting，SLM）技术并获得了相关专利。

1995 年，西北工业大学大黄卫东团队开始研究将 3D 打印技术和同步送粉激光熔覆相结合，用于直接制造致密的金属零件。

1996 年（“3D 打印机”名称元年），美国 3D Systems 公司、Stratasys 公司、Z Corporation 公司分别推出了 Actua 2100、Genisys、Z402 产品（见图 1-11），开始使用“3D 打印机”的称呼。

1997 年，西安交通大学卢秉恒团队研制出国内首台光固化快速成形机。

1997 年，瑞典 Arcam 公司成立，专门研究金属 3D 打印机，并且是电子束熔化 3D 打印机的唯一制造商。

图 1-11 美国 Z Corporation 公司的 Z402

1998 年，以色列 Objet Geometries 公司成立。2000 年，该公司申请了 PolyJet 聚合物喷射技术专利，PolyJet 技术的成形原理与 3DP 类似，都是通过喷射成形，但喷射的不是黏结剂而是树脂材料。PolyJet 技术被称为第二代 SLA 技术，借助该技术可制造出表面平滑、尺寸精准的部件、原型和工装。

1999 年（医学生物 3D 打印元年），Wake Forest 再生医学研究所的科学家成功地将实验室生长的膀胱移植到患者体内，这标志着在手术中使用 3D 打印器官已成为现实。

2000 年，西安交通大学的“快速成形制造若干关键技术及设备”获国家科技进步奖二等奖。

2001 年，华中科技大学的“薄材叠层快速成形技术及系统”获国家科技进步奖二等奖。

2002 年，清华大学的“多功能快速成形制造系统（M-RPMS）技术”获国家科技进步奖二等奖。

2002 年，Wake Forest 再生医学研究所的科学家研发出了一个能运作的 3D 打印的肾脏，能在动物体内过滤血液、生成稀释的尿液，如图 1-12 所示。该项研究是使用 3D 打印技术“打印”器官和组织的里程碑式进展。

2003 年，英国 MCP 集团公司的德国 MCP-HEK 分公司推出世界第一台 SLM 设备。

2005 年（彩色 3D 打印元年），美国 Z Corporation 公司推出世界第一台彩色 3D 打印机 Spectrum Z510，如图 1-13 所示。这标志着 3D 打印从单色时代开始迈向多色时代。

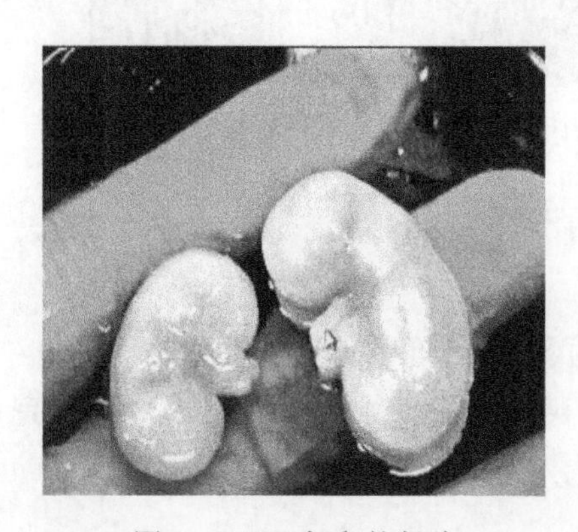

图 1-12　3D 打印的肾脏

图 1-13　彩色 3D 打印机 Spectrum Z510

2007 年，3D 打印服务创业公司 Shapeways 正式成立，自此 DIY 合作创新服务上线。Shapeways 发布了合作创新服务和社区的 beta 版，将艺术家、建筑师和设计师聚集在一起，以低成本进行实物的 3D 设计创作。

2008 年，Bre Pettis 带领团队创立了桌面级 3D 打印机公司 MakerBot。MakerBot 推出第一款开源的桌面级 3D 打印机 RepRap，代号为达尔文 Darwin，它能够打印自身 50%的元件，体积仅一个箱子大小。

2008 年（多材料 3D 打印元年），以色列 Objet Geometries 公司基于 PolyJet 技术推出多材料 3D 打印机 Connex500，如图 1-14 所示。它是首台能够同时打印几种不同原材料的 3D 打印机，开创了多材料打印的先河。

2009 年，供 DIY 的 3D 打印机套件进入市场，美国 MakerBot 公司开始出售

DIY 套件，购买者可自行组装 3D 打印机，打印产品。

2010 年，美国 Organovo 公司研制出了全球首台 3D 生物打印机。该公司依靠 Gabor Forgacs 博士的技术，用 3D 生物打印机首次打印出了血管。

2010 年 11 月，第一台用巨型 3D 打印机打印出整个“身躯”的轿车出现。它的所有外部组件都由 3D 打印制作完成，包括用 Dimension 3D 打印机和由美国 Stratasys 公司数字生产服务项目 RedEye on Demand 提供的 Fortus 3D 成形系统制作完成的玻璃面板，如图 1-15 所示。

图 1-14　多材料 3D 打印机 Connex500

图 1-15　3D 打印的整个“身躯”的轿车

2011 年 6 月，美国总统奥巴马宣布向 3D 打印产业提供 5 亿美元研发基金，以提升美国在制造业的领先地位。

2011 年，Kor Ecologic 生产的第一款带有 3D 打印车身的原型车 Urbee 问世。

2011 年 8 月，全球首架 3D 打印飞机由英国南安普顿大学的工程师创建完成，命名为 SULSA。3D 打印技术使得这架无人飞机能够采用椭圆形机翼，有助于提高空气动力效率，如图 1-16 所示。

图 1-16　全球首架 3D 打印的飞机

2011 年 9 月，维也纳科技大学开发了更小、更轻、更便宜的 3D 打印机。这个超小 3D 打印机的质量为 1.5kg，报价约 1200 欧元。英国研究人员开发出世界上首台 3D 巧克力打印机。

2011 年，Materialise 成为全球首家提供 14K 黄金和标准纯银材料打印的 3D 打印服务商。这在无形中为珠宝首饰设计师们提供了一个低成本的全新生产方式。

2012 年 3 月，维也纳大学的研究人员宣布利用双光子平版印刷技术突破了 3D 打印的最小极限，展示了一辆长度不到 0. 3mm 的赛车模型。

2012 年 4 月，英国著名杂志《经济学人》发表了关于工业革命的专题文章，该文章指出 3D 打印技术将是第三次工业革命最重要的新技术。该技术与数字技术、新材料技术、人工智能以及新型协同生产服务的融合，使得人们能以更低的劳动力成本灵活地生产定制式产品，从而使得大规模的个性化生产成为可能。这篇文章引发了人们对 3D 打印的重新认识，3D 打印开始在社会普通大众中传播开来。

2012 年，美国 Stratasys 公司和以色列 Objet Geometries 公司合并，合并后的公司名称仍为 Stratasys。美国 Formlabs 公司成立，并发布了世界上第一台廉价的高精度 SLA 消费级桌面 3D 打印机 Form 1。中国 3D 打印技术产业联盟成立。

2012 年，荷兰医生和工程师们使用 LayerWise 制造的 3D 打印机打印出一个定制的下颚假体，然后移植到一位 83 岁、患有慢性骨感染的老太太身上。目前，该技术被用于促进新的骨组织生长。

2012 年 8 月，美国国家增材制造创新研究院成立，后更名为美国制造（America Makes）。作为新技术研究、开发、示范、转移和推广的基础平台，它自称要成为增材制造技术全球卓越中心，并提升美国制造全球竞争力。

2012 年 11 月，我国宣布成为世界上唯一掌握大型结构关键件激光成形的国家。

2012 年 12 月，华中科技大学史玉升科研团队研发出当时全球最大的 3D 打印机。这一 3D 打印机可加工零件长宽最大尺寸均达到 1. 2m。该 3D 打印机是基于粉末床的激光烧结快速制造设备。

2013 年，我国首创用 3D 打印飞机钛合金大型主承力构件，该构件由北京航空航天大学王华明教授团队采用大型钛合金结构件激光直接制造技术制造。荷兰建筑设计师 Janjaap Ruijssenaars 和艺术家 Rinus Roelofs 设计出了全球第一座 3D 打印建筑物——莫比乌斯环屋。

2013 年，王华明教授主持的“飞机钛合金大型复杂整体构件激光成形技术”项目获得国家技术发明奖一等奖。

2013 年，美国通用电气公司（简称 GE 公司）在全球范围内举办“喷气式发动机支架设计探索”挑战赛，为喷射发动机进行最优支架的3D打印设计，来自56个国家的700多名参赛者进行竞争。支架的原有质量是2033g，而最终获奖设计的质量是327g，支架质量减少了84%（见图1-17），实现了制造过程和使用过程的节能、节材、降耗。

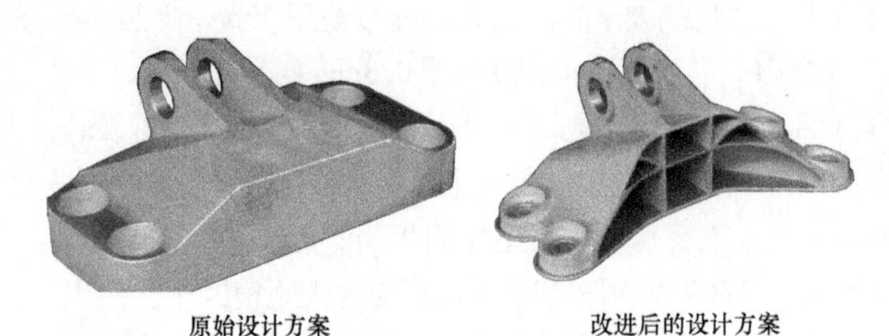

原始设计方案　　改进后的设计方案

图1-17　GE发动机支架结构的设计

2013年5月29日，首届世界3D打印大会在北京拉开帷幕，世界3D打印技术产业联盟也在同期成立。

2013年，美国发布全世界第一款完全通过3D打印制造出的塑料手枪Liberator（除了撞针采用金属），并成功试射；此后，美国Solid Concepts公司采用激光烧结技术制造了全球首款3D打印全金属枪（M1911），并成功试射50发子弹。

2013年，美国3D Systems收购法国Phenix Systems公司；美国Stratasys收购美国MakerBot公司及其Thingiverse数字设计存储库；耐克公司推出第一款3D打印足球鞋；美国国家航空航天局（NASA）测试3D打印的火箭部件，可承受20klbf（889kN）推力，并可耐6000℃的高温。

2014年，著名咨询公司麦肯锡公司将3D打印技术列为12项颠覆性技术之一，并预测到2025年，3D打印对全球经济的价值贡献将为2000亿~6000亿美元。

2014年，美国Flexible Robotic Environments（FRE）公司开发全功能制造设备VDK6000，兼具金属3D打印（增材制造）、减材制造及3D扫描功能；创客Yvode Haas推出了基于3DP工艺的桌面级3D打印机Plan B，技术细节完全开源。同年，全国增材制造（3D打印）产业技术创新战略联盟成立。

2014年，盈创建筑科技（上海）有限公司使用一台高6.6m、宽10m的建筑打印机在24h内打印出10幢1~2层的毛坯房，所使用的材料由水泥、沙子和纤维等制成。

2015年，美国惠普公司（简称HP公司）发布多射流熔融（multi jet fusion，

MJF）3D打印技术；美国Carbon3D公司发布连续液态界面制造（continuous liquid interface production，CLIP）技术，该技术的突出特点是打印速度快；比利时Materialise公司开始为空中客车公司（简称空客）A340飞机生产3D打印部件；美国3D Systems公司收购无锡易维模型设计制造有限公司并成立3D Systems中国（3D Systems China）；佳能、理光、东芝、欧特克、微软和苹果纷纷涉足3D打印市场。

2015年，中国机械工程学会增材制造（3D打印）技术分会成立。

2016年3月，美国Aprecia Pharmaceutic公司生产的全球首个3D打印处方药Spritam速溶片正式上市，主要用于治疗癫痫病。

2016年5月，全球首座3D打印的办公室在阿联酋迪拜落成。该建筑的各个部件由一台高6m、长36m、宽12m的巨型3D打印机制造，然后在现场进行拼装。

2016年，GE公司收购德国Concept Laser公司和瑞典Arcam公司；以色列XJet公司发布基于纳米颗粒喷射（nano particle jetting，NPJ）技术的3D打印机；美国Carbon 3D公司推出首款基于CLIP技术的3D打印机；哈佛大学研发出3D打印肾小管。

2017年，韩国Carima公司推出高速3D打印技术C-CAT；西门子公司采用选区激光熔化技术制造世界上首台用于工业燃气轮机的3D打印燃烧室，将燃烧器头部的13个零件合并为一个；美国Desktop Metal公司推出两款金属3D打印设备DM Studio System和DM Production System。

2017年，国产大飞机C919首飞成功，C919上装载了23个3D打印零部件；工业和信息化部等12部门印发《增材制造产业发展行动计划（2017—2020年）》。

2018年，HP公司推出基于黏结剂喷射工艺的金属打印技术HP Metal Jet；美国将3D打印列为限制性出口技术；澳大利亚Titomic公司推出大型金属3D打印机，打印尺寸可达9m×3m×1.5m；西门子3D打印燃气轮机燃烧室成功运行8000h，证明了3D打印零部件性能的可靠性。

2018年10月，GE公司位于亚拉巴马州的奥本工厂顺利生产了第3万个3D打印的燃油喷嘴，如图1-18所示。

2018年11月，GE公司宣布，美国联邦航空管理局（FAA）已批准3D打印支架用于波音747-8机型的GEnx-2B发动机。该支架将取代传统制造的电动门打开系统支架，其作用是打开和关闭发动机的风扇罩门，由选区激光熔化设备生产，如图1-19所示。

图 1-18　3D 打印的燃油喷嘴

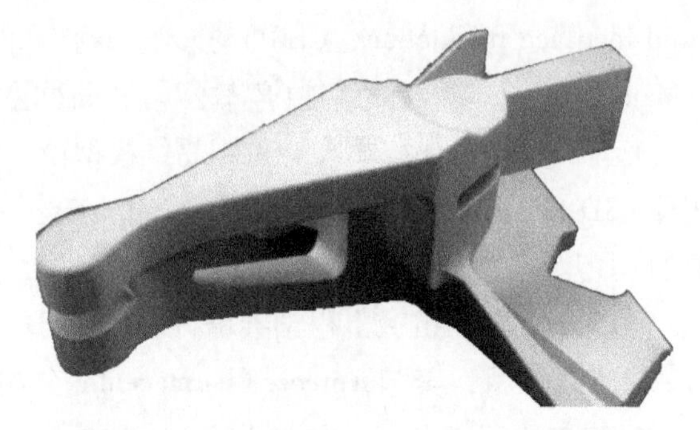

图 1-19　GE 航空获得 FAA 批准的 3D 打印支架

2018 年，载有多个 3D 打印零部件的嫦娥四号中继卫星发射成功，标志着我国 3D 打印技术和产品首次获得在轨应用；我国将 3D 打印列为战略性新兴产业；陶瓷 3D 打印产业联盟成立。

2019 年 1 月，*Science* 杂志发表了美国劳伦斯利弗莫尔国家实验室（LLNL）与加州大学伯克利分校合作开发的一种新型快速 3D 打印技术。该技术利用计算轴向光刻（computed axial lithography，CAL）方法，将光刻与悬浮打印相结合，采用多激光在轴向旋转过程中实现不同角度同时曝光，使材料能够从模型的内部逐渐向外部固化，在树脂容器中快速打印出整个三维物体。

2019 年 3 月，太空灰 3D 建筑打印技术团队在河南郑州的 3D 建筑特色园区内，采用 3D 打印技术打印凉亭，耗时 12h，如图 1-20 所示。

2019 年 4 月，以色列科学家使用患者的细胞 3D 打印出一颗“可跳动的心脏”。图 1-21 所示 3D 打印的心脏长约 2cm，打印耗时约 3h。

图 1-20　3D 打印的凉亭

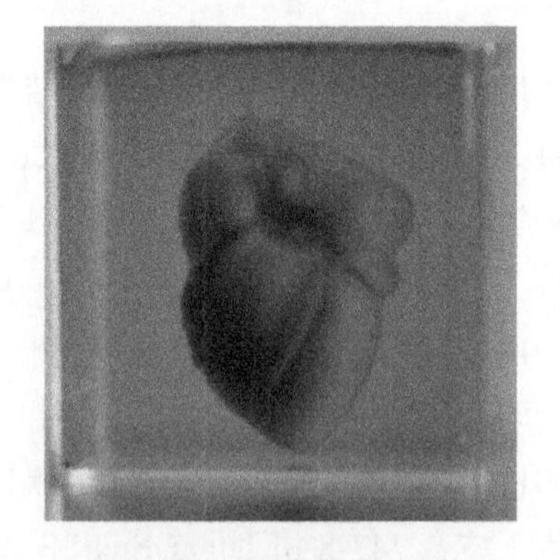

图 1-21　3D 打印的心脏

2019 年 5 月，*Science* 杂志以封面形式刊登了由美国莱斯大学与华盛顿大学的研究团队 3D 打印的会“呼吸”的气囊，如图 1-22 所示。该研究采用生物 3D 打印技术，可以在几分钟内打印出具有复杂内部结构的水凝胶气囊，它能够像肺部一样，向周围的血管输送氧气，完成“呼吸”过程。利用这项生物组织打印技术，研究人员可以创造出模仿人体血液、淋巴液和其他重要液体复杂天然脉管系统的水凝胶器官替代物。

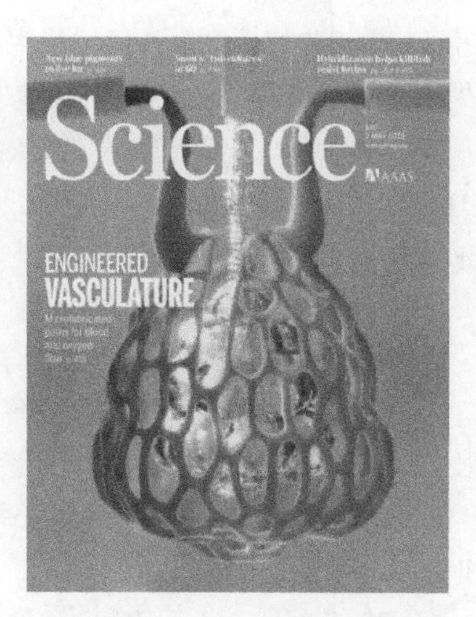

图 1-22　会“呼吸”的气囊

2019 年 7 月，嘉思特华剑医疗器材（天津）有限公司研发的 3D 打印髋关节植入物产品通过国家药品监督管理局（NMPA）审批。

2019 年 8 月，美国卡内基梅隆大学的学者在 *Science* 杂志发表了一种利用悬浮水凝胶自由可逆嵌入（freeform reversible embedding of suspended hydrogels，FRESH）技术对胶原蛋白进行 3D 生物打印的方法。这种方法能够在不同的尺度上直接获得能够精确控制组成和微观结构的心脏部件，如毛细血管、可收缩心室、新生儿心脏大小的人类心脏模型等。

2019 年 10 月，恒通西交智能机器（广东）有限公司推出国内首台 SLA“双料机”。该“双料机”具有两个料缸、两个刮刀、一个激光器，可实现不同材料同时打印，节省刮刀刮平液面的大部分时间。

2019 年 10 月，装配式混凝土 3D 打印赵州桥在河北工业大学落成，这是世界上第一座装配式 3D 打印的桥梁，也是世界上单跨最长的混凝土 3D 打印桥梁，单跨 18.04m，如图 1-23 所示。

图 1-23　装配式混凝土 3D 打印的赵州桥

2019 年 10 月，美国西北大学学者在 *Science* 发表的论文中提出了大面积快速打印（high-area rapid printing，HARP）技术。该技术通过改进树脂槽（创建隔离层）实现连续性快速打印，使用液态特氟龙（即聚四氟乙烯）循环冷却降低界面的热量，可大幅度提高打印速度。

2019 年 11 月，哈佛大学的研究团队在 *Nature* 杂志发表了使用多材料多喷嘴 3D 打印（multimaterial multinozzle 3D printing，MM3D）设计和制造体素化软结构的技术，其中材料的组成、功能和结构都是在体素尺度上实现的。该技术可实现 8 种不同材料的高频切换，为 3D 打印复杂材料和结构开辟了新的途径。

2019 年 12 月，墨尔本理工大学、俄亥俄州立大学、英联邦科学和工业研究组织（CSIRO）、昆士兰大学、内华达大学的 5 个研究团队合作，对超细晶粒高强度钛铜合金 3D 打印材料进行研究。

2020 年 2 月，美国 Stratasys 公司推出全彩色、办公室友好型 PolyJet 3D 打印机 J55。

2020 年 3 月，诺丁汉大学和伦敦玛丽大学的研究团队研究出一种利用蛋白质进行 3D 打印氧化石墨烯的方法，可以实现“自组装”。

2020 年 3 月，香港理工大学根据亚洲人头部形状数据，设计制造了 3D 打印医用防护面罩。国家标准化管理委员会、工业和信息化部、科学技术部、教育部、国家药品监督管理局、中国工程院 6 部门联合印发《增材制造标准领航行动计划（2020—2022 年）》。

2020 年 4 月，澳大利亚 SPEE3D 公司推出了 ACTIVAT3D 铜，通过在不锈钢门板上 3D 打印出薄薄的一层铜，可以相对轻松地杀死新型冠状病毒。

2020 年 5 月 5 日，我国长征五号 B 火箭发射的新一代载人飞船试验船搭载了一台我国自主研发的连续纤维增强复合材料 3D 打印机，飞行期间自主完成了连续纤维增强复合材料的样件打印。这是我国首次太空 3D 打印试验，也是国际上第一次在太空中开展连续纤维增强复合材料的 3D 打印试验。

2020 年 5 月，奥地利格拉茨工业大学（TUGraz）的研究人员将 LED 光源引入 SLM 工艺并使用 LED 代替激光，研发出了 LED 光源金属 3D 打印机，并申请了专利：基于 LED 的选择性熔化（selective LED-based melting，SLEDM）。

2020 年 5 月，为了克服目前生物墨水在结构稳定性方面的不足，得克萨斯农工大学研究人员开发出纳米工程离子-共价纠缠（nanoengineered Ionic-covalent entanglement，NICE）生物墨水，其用途是制造功能性骨组织。

2020 年 5 月 31 日，美国太空探索科技公司 SpaceX 用猎鹰 9 号火箭搭载“龙飞船”2 号成功将两名宇航员送入太空。猎鹰 9 号火箭装有 3D 打印的主氧化阀部件，“龙飞船” Super Draco 发动机的关键部件采用 3D 打印制造。

2021 年 3 月，*Nature* 报道了韩国首尔国立大学和浦项科技大学的一种使用多材料直接 3D 打印金属纳米结构阵列的技术，可打印具有灵活几何形状和小至数百纳米的特征尺寸。

2021 年 5 月，*Science* 发表了南京航空航天大学材料科学与技术学院、江苏省高性能金属构件激光增材制造工程实验室顾冬冬教授团队的研究综述论文《材料 - 结构 - 性能一体化激光金属增材制造》。这标志着南京航空航天大学在基础研究和重大成果方面取得新突破。

2021 年 9 月，麻省理工学院在 *Science advances* 展示了的一种基于平面透镜阵列和积分图像重建的新立体光刻 3D 打印技术。中国科学院上海微系统所陶虎团队与上海交通大学夏小霞、钱志刚合作成功用基因重组的蜘蛛丝蛋白 3D 打印出纳米机器人。

2021 年 10 月，香港城市大学刘锦川院士团队在“利用增材制造设计成分调制钛合金”方面取得重大进展，创建出了一种具有独特微观结构的钛合金，在保持高强度的同时显著提高了延展性，达到约 1.3GPa 的高抗拉强度、约 9% 的均匀伸长率和超过 300MPa 的出色加工硬化能力。

2022 年 2 月，威斯康星大学麦迪逊分校的研究人员发表题为 *Controlling process instability for defect lean metal additive manufacturing* 的文章，报道了一种通过使用纳米粒子来控制激光-粉末床相互作用的不稳定性，从而消除大飞溅物的方法。

2022 年 3 月，香港理工大学、西北工业大学和香港中文大学的研究人员提出了粉末基增材制造金属和合金中多尺度缺陷的类型、形成机制、危害及控制方法。加拿大英属哥伦比亚大学（UBC）的科学家利用 3D 技术打印出人类睾丸细胞，并发现其有希望产生精子的早期迹象，世界上尚属首次。

2022 年 4 月，美国研究人员开发了一种在固定体积的树脂内打印 3D 物体的方法。打印物体完全由厚树脂支撑，就像一个动作人偶漂浮在一块果冻的中心，可从任何角度进行添加。该方法可更轻松地打印日益复杂的设计作品，同时节省时间和材料。

2022 年 5 月，赫瑞瓦特大学、弗吉尼亚大学和阿贡国家实验室的科学家组成的团队使用先进的成像技术，研究了金属 3D 打印过程中的材料状态，使激光与金属粒子相互作用时存在的所有物质状态之间的相互作用实现了可视化。

2022 年 6 月，据外媒报道，一名来自墨西哥的 20 岁女性通过 3D 打印技术成功进行了耳朵移植，如图 1-24 所示。

2022 年 7 月，德国马普所的研究人员发表题为 *Thermodynamics-guided alloy and process design for additive manufacturing* 的研究成果，通过整合、计算和利用

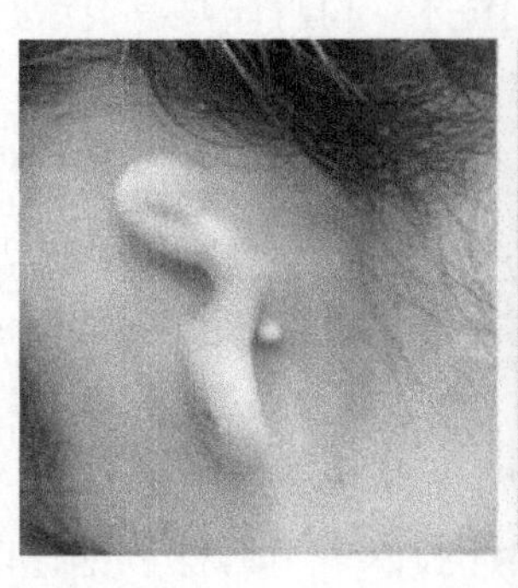
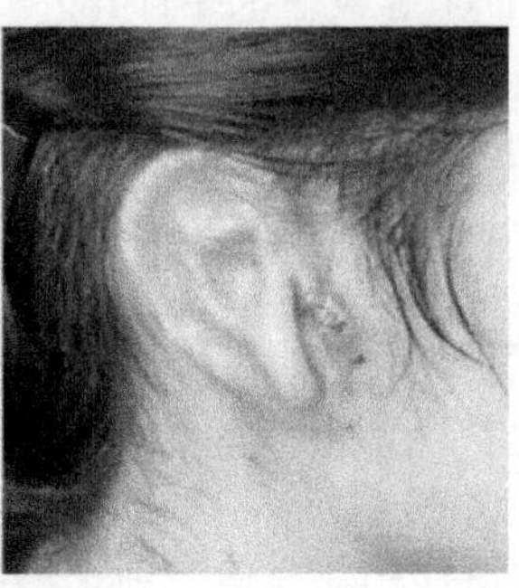

图 1-24　3D 打印的耳朵（左图为手术前患者的耳朵，右图为手术后 30 天患者的耳朵）

元素分配，提出了一种热力学指导的 3D 打印合金设计的方法。

2022 年 9 月，澳大利亚莫纳什大学增材制造中心的研究团队联合上海理工大学、中国科学院金属所、澳大利亚国立大学、澳大利亚迪肯大学及美国俄亥俄州立大学，利用 3D 打印技术实现了现有商用钛合金（BetaC 合金，我国牌号为 TB9）力学性能的大幅提升，使其达到现有所有 3D 打印金属中最高的比强度。

2022 年，哈尔滨工业大学重庆研究院项目负责人、博士生导师杨治华带领团队围绕“先进陶瓷及其智能制造技术”取得重大突破，掌握了结构功能一体化陶瓷及其器件制备核心技术，特别是攻克了陶瓷 3D 打印“定制化”关键技术，能够针对不同器件和需求进行规模化加工生产。

2023 年 3 月，俄罗斯门捷列夫化工大学开发出一种新的生物聚合物多相 3D 打印技术。

2023 年 4 月，英国科学家开发了一种利用激光在生物体内 3D 打印出导电电路的技术，这项技术未来有望用于创建和维护人体植入物或脑机接口。他们首先将含有荧光塑料聚吡咯的“墨水”注入线虫（秀丽隐杆线虫）体内，这种“墨水”被设计成可以与一台光子 3D 打印机一起工作，该打印机使用激光来打印出特定形状的材料并使其导电。利用这台 3D 打印机，他们在线虫体内 3D 打印了星形和正方形导电电路，如图 1-25 所示。

2023 年 5 月，包括澳大利亚皇家墨尔本理工大学、悉尼大学在内的国际研究团队将合金和 3D 打印工艺结合在一起，创造出了一种新型钛合金。这种钛合金具有高强度、高硬度、高耐磨性、高耐蚀性和低密度等优点，在拉伸下坚固而不脆。

2023 年 6 月，美国 Solidscape 公司专为珠宝商设计推出了一款小型一键式操作蜡 3D 打印机，它是迄今为止最小且最实惠的蜡 3D 打印机——Muse。

2023 年 7 月，荣耀折叠屏手机 Magic V2 使用钛合金 3D 打印技术制造铰链的轴盖部分，这是 3D 金属工艺结构件首次在手机上大规模使用。相比此前的不锈钢和铝合金材质，钛合金能够更好地兼具坚固和轻薄的特点，从而减小手机的厚度和质量，并提高其强度。这是 3D 打印首次大规模在消费电子中进行应用。以荣耀、苹果、小米为代表的厂商推出钛合金产品，3D 打印以其独特优势成为钛合金加工的主流技术路线之一。

2023 年 8 月，杭州德迪智能科技有限公司正式推出全新一代三激光金属增材制造系统——DLM-500T，如图 1-26 所示。该设备采用自主化光路控制系统，集成度高，可实现多变、自由的工艺控制策略，具有全程实时数据监控和故障分级自诊断功能，尤其适合于模具行业使用。

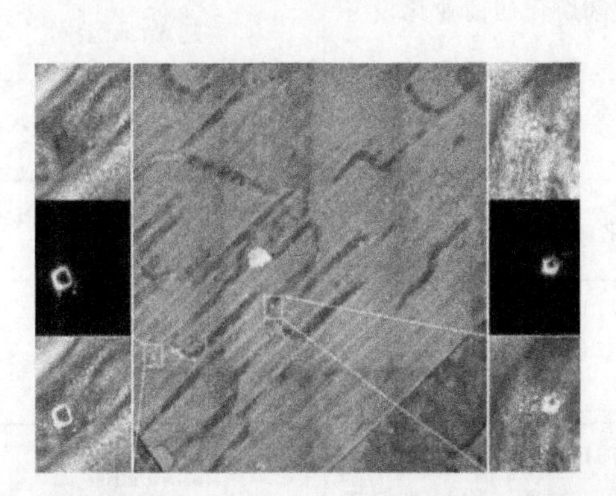

图 1-25　线虫体内 3D 打印的星形和正方形导电电路

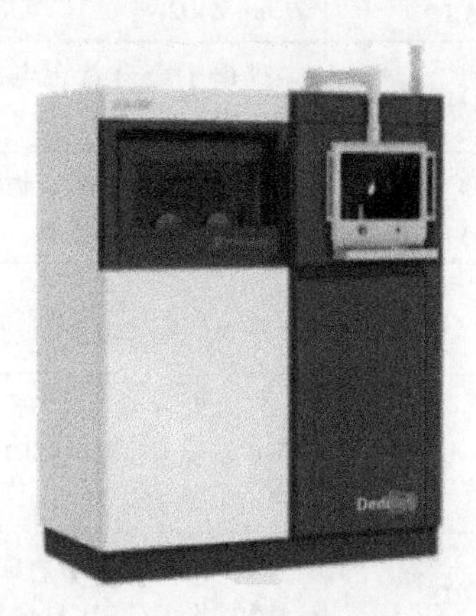

图 1-26　DLM-500T

1981—2023 年 3D 打印技术的典型事件见表 1-2。其中，1981—1995 年是快速成形时期，这个时期机器都是庞然大物，但是 3D 打印已经从纸上的幻想变成了小规模生产。1995 年至今是增材制造时期，这个时期结合 3D 打印行业 Gartner 曲线，2010 年之前处于技术触发期，2010—2013 年进入期望膨胀期，2013—2020 年处于泡沫低谷期，2020 年之后进入稳步复苏期，未来伴随消费电子潜在市场空间的释放，3D 打印行业有望进入生产高峰期。

表 1-2　1981—2023 年 3D 打印技术的典型事件

年份	事件	代表人物/公司
1981	首次提出利用光固化聚合物这一快速成形系统制造三维模型的方法	Hideo Kodama
1984—1988	发明了立体光固化成形（SLA）技术，创立了世界上第一家 3D 打印设备的 3D Systems 公司，生产出世界上第一台基于 SLA 技术的 3D 打印机 SLA-250	Charles Hull/ 3D Systems 公司

（续）

年份	事件	代表人物/公司
1988—1992	发明了熔融沉积成形（FDM）技术，并成立了Stratasys公司，推出了第一台FDM 3D打印机，这标志着其与3D Systems的首次有形竞争	Scott Crump/Stratasys公司
1989—1992	发明了选区激光烧结（SLS）技术，并成立了DTM公司，推出了第一台SLS 3D打印机，这预示SLA、FDM和SLS三大3D打印技术竞争的雏形	Carl Deckard/DTM公司
1993	发明了3DP打印技术，这种技术类似于喷墨打印机	Emanual Sachs
1995	基于3DP打印技术发布了第一台3D打印机ZCorp Z402	美国Z Corp公司
1997	推出了全球首台电子束选区熔化的商业化设备EBM-S12	瑞典Arcam公司
2000	申请了PolyJet聚合物喷射技术专利，PolyJet技术被称为第二代SLA技术	以色列Objet Geometries公司
2003	推出了全球首台选区激光熔化（SLM）设备	英国MCP集团的德国MCP-HEK分公司
2005	推出世界第一台彩色3D打印机Spectrum Z510，Z510不仅可以彩色打印，而且是第一台可以高清彩色打印的3D打印机	美国Z Corp公司
2008	创立了桌面级3D打印机公司MakerBot，推出第一款开源的桌面级3D打印机RepRap发布，代号达尔文(Darwin)	Bre Pettis/美国MakerBot
	基于PolyJet技术推出多材料3D打印机Connex500，它是首台能够同时打印几种不同原材料的3D打印机，开创了混合材料打印的先河	以色列Objet Geometries公司
2010	研制出了全球首台3D生物打印机，创建了第一个3D打印血管	Organovo公司
2011	生产了第一款带有3D打印车身的原型车，这款名为Urbee的汽车使用电动马达，可行驶200mile（1mile=1609.344m)	Kor Ecologic
2012	发布了世界上第一台廉价的高精度SLA消费级桌面3D打印机Form 1	Formlabs公司
2013	美国发布全世界第一款完全通过3D打印制造出的塑料手枪Liberator（除了撞针采用金属），并成功试射，开创了3D打印枪支的先河	Cody Wilson
2014	推出了基于3DP工艺的桌面级3D打印机Plan B，技术细节完全开源	Yvode Haas

（续）

年份	事件	代表人物/公司
2015—2016	发布连续液态界面制造（CLIP）技术，推出首款基于 CLIP 技术的 3D 打印机	美国 Carbon3D 公司
2017—2018	采用选区激光熔化技术制造世界上首台用于工业燃气轮机的 3D 打印燃烧室，西门子 3D 打印燃气轮机燃烧室成功运行 8000h	西门子公司
2019	推出我国首台 SLA“双料机”	恒通西交智能机器（广东）有限公司
2020	推出全彩色、办公室友好型 PolyJet 3D 打印机 J55	美国 Stratasys 公司
2021	创建出了一种具有独特微观结构的钛合金，在保持高强度的同时显著提高了延展性	刘锦川
2022	掌握了结构功能一体化陶瓷及其器件制备核心技术，特别是攻克了陶瓷 3D 打印定制化关键技术，能够针对不同器件和需求进行规模化加工生产	杨治华
2023	第一次大规模使用钛合金 3D 打印技术，该技术主要用于铰链的轴盖部分，这是 3D 金属工艺结构件首次在手机上大规模使用	荣耀 HONOR

1.4　3D 打印的特点

3D 打印技术作为一种新兴技术，在各个领域都获得了广泛的关注与应用。与传统的等材制造和减材制造技术相比，3D 打印技术具有的优势在于无须开模、材料利用率高、产品实现周期短，并且能够实现高性能复杂结构零件的无模具、快速、全致密成形，逐步成为应对众多领域技术挑战的最佳技术途径，但它也面临着一定的问题。

1.4.1　3D 打印的优点

与传统制造工艺相比，3D 打印技术已经应用到各行各业，如医疗、航空航天、汽车、消费品、建筑等，为不同领域带来了创新和发展的机遇。3D 打印技术与人类的工作和生活息息相关，人类的吃、穿、住、用、行活动都会涉及 3D 打印技术。3D 打印技术在设计和生产方面的优点如下：

1）定制化生产。制造成本与产品生产批量几乎无关，因此 3D 打印非常适合个性化定制。只需要不同的数字设计模型和一批新的原材料，3D 打印机就可以打印多种形状，产品多样化不增加成本。因此，产品的个性化定制生产是 3D 打印的特长。

2）随心所欲地设计。3D 打印突破了以往设计空间的局限。在以往的产品设计中，制造工艺性是需要重点考虑的因素。3D 打印技术的出现能够打破传统生产制造的限制，实现更多创意和复杂结构的设计。因此，设计师应突破所熟悉的基于等材和减材制造的设计规则，进行面向增材制造的产品设计。

3）混合材料无限组合。在传统制造工艺中，将多种原材料精准地融合在同一零件中是一件很困难的事。随着多种材料 3D 打印技术的发展，能够将不同原材料恰当融合在一起。以前无法混合的原料混合后将形成新的材料，这些材料种类繁多，具有独特的属性或功能。这表明 3D 打印技术的优势不仅是能制作复杂几何形状的零件，而且可以通过优化材料的性能，使最终完成的零件更优质。

4）降低生产成本。3D 打印技术将复杂的三维形状简化为一系列二维形状的叠加，从原理上讲，不会因为零件复杂而增加加工难度。事实上，一些从传统制造角度看形状比较复杂、加工难度较大的形状，从 3D 打印角度看并不会增加制造难度，因此，3D 打印在生产过程中减少了浪费材料的现象，有助于降低生产成本。

5）缩短生产周期。相较于传统生产制造技术，3D 打印能够在数小时之内完成制造，从而大幅度缩短了生产周期。即使是对于单一产品的需求，也能在较短的时间内完成制作，提升生产率。

6）减轻环境负担。3D 打印可以在很大程度上减少材料浪费，对环境的影响也相对降低，有助于实现绿色制造和可持续发展。

此外，除了设计和生产方面的优点，从服务营销角度看，3D 打印也有很多优点。一方面，对市场和供应链而言，3D 打印可以大大减少新产品进入市场的时间，从而减少了客户需求不确定性带来的市场风险；产品能更好地满足客户的需要，并通过提供最新技术实现更高的性价比；新产品能更经济地在市场上试销。另一方面，对消费者而言，消费者可以购买更加贴近个人需求和心仪的产品，将有更加多样的产品以供消费者选择；人们可以买到经济实惠的个性化定制产品，同时，因为营销商节省的成本将最终传递到产品价格上，从而使消费者获得更低的产品价格。

1.4.2 3D 打印存在的问题

目前，3D 打印技术虽然已经取得了重大进展，但也存在一些问题，面临着各种挑战，具体如下：

1）3D 打印材料的限制。耗材是 3D 打印能否得到广泛应用最关键的因素。尽管 3D 打印材料的种类日益增加、材料的价格不断下降，但与传统制造方法的多样性相比，仍有较大差距，还是存在着 3D 打印材料种类较少、材料价格较高的问题。

2）打印成本较高。与传统制造工艺相比，3D 打印的成本相对较高，价格方面的优势尚不明显，3D 打印的设备投资及部分材料成本相对较高，尤其对于大规模生产，仍须权衡成本。因此，在工业应用领域，3D 打印更适合制造附件值较高的产品和零部件，如航空航天、生物医疗、高端汽车等领域的零部件。

3）知识产权的问题。3D 打印技术的普及使得产品设计模型容易被复制和传播，这将导致版权保护的难题，对知识产权保护带来挑战。因此，如何制定相关的法律法规来保护知识产权，是需要解决的问题之一。

4）表面质量的问题。与传统切削工艺相比，3D 打印制造的产品往往存在表面粗糙度值较高的问题。对于精度要求比较高的表面，为改善产品表面品质，3D 打印后还须进行额外的表面处理，如研磨、抛光等。

5）安全的挑战。3D 打印技术可能被用于非法制造武器及其他潜在危险的物品，对我们的社会安全提出了新的挑战。

6）道德的挑战。随着 3D 打印生物医疗的发展，可能会出现打印出的生物器官和活体组织，这将会使我们在不久的将来遇到极大的道德挑战。

以上问题的存在将会促进 3D 打印技术的不断发展和完善，并将随着 3D 打印科技的快速发展而不断解决，从而使 3D 打印技术得到更多的应用和普及。

1.5　4D 打印技术

4D 打印是指智能材料的 3D 打印，是 3D 打印的延伸和发展，其思想可以追溯到 2011 年 Oxman 提出的变量特性快速原型制造技术。该技术利用材料的变形特性和不同材料的属性，通过逐层铺粉成形出具有连续梯度的功能组件，使成形件能够实现结构改变。在 2013 年召开的 TED（Technology Entertainment Design）大会上，麻省理工学院自组装实验室的斯凯拉·蒂比特斯（Skylar Tibbits）与美国 Stratasys 公司合作，首次提出了 4D 打印。

4D 打印是指由 3D 技术打印出来的结构能够在外界激励下发生形状或者结构的改变，直接将材料与结构的变形设计内置到物料当中，简化了从设计理念到实物的造物过程，让物体能自动组装构型，实现了产品设计、制造和装配的一体化融合。4D 打印不但能够创造出有智慧、有适应能力的新事物，还可以彻底改变传统的工业打印甚至建筑行业。这个崭新的概念就是创造出一种能够在被打印出来之后发生改变的物体，而且它们能够进行自我调整。打印不再是创造过程的终结，而仅仅是一条路径。麻省理工学院的 Skylar Tibbits 在一场采访中说道："我们想要说的就是，你设计出产品并且打印出来，而它能够进化。它就像在材料中植入了智慧。"

1.5.1 4D 打印的发展历程

与 3D 打印技术类似，4D 打印技术同样具有广泛的应用前景，特别在智能材料、柔性电子、生物医学等领域。

2014 年，美国 Nervous System 设计工作室利用 3D 打印技术制成世界上首件 4D 打印连衣裙。

2016 年，西京医院采用生物可降解材料，成功将 4D 打印气管外支架用于婴儿复杂先天性心脏病合并双侧气管严重狭窄的救治。

2017 年，4D 打印在服装鞋帽领域的应用，已经掀起了一场时尚新潮流。阿迪达斯发布了首个应用数字光处理（digital light synthesis，DLS）技术打印的跑鞋 Futurecraft 4D。相比于一般的 3D 打印技术，DLS 技术不仅具有更快的制作速度和更大的制作规模，还具有更好的质量，以及更多材料、色彩的选择。

2018 年 8 月，香港城市大学吕坚院士研究组开发了陶瓷 4D 打印技术。该工作被欧盟委员会列为《面向未来的 100 项颠覆性技术创新》中 4D 打印案例之一。该研究成果获颁国家工业和信息化部的科学技术成果登记证书（登记号：3392019Y0014），其评价报告指出"该技术拥有自主知识产权，陶瓷'4D'打印概念属国际首创，相关技术具有创新性和超前性，有重要的学术和技术价值"。该工作入选"2019 未来科技（智能制造）十大事件"。

2019 年，苏黎世联邦理工学院间接地利用 4D 打印技术制作出了小于原有支架 1/40 的迷你支架，如图 1-27 所示。他们首先利用激光，制作出了一个支架模具，并将记忆材料装入模具，最后将模具融化。这种记忆材料可以"记住"自己原本的形状，即便变形也能够恢复到原有的结构。因此，在压缩进入胎儿体内后，受到体温的影响，这种微型支架可以自行扩张成原有的形状，帮助扩张胎儿的尿道。

2020 年，北京大学的课题组基于飞秒激光直写技术实现了微型笼、微型伞等可重构复合微机械的 4D 打印。该课题组提出了模块化微积木组装的 4D 打印方式，并实现了蜂窝状、卷状和波浪状等复杂三维结构的原位 pH 响应致动。在原位运动的基础上，该课题组通过对结构关节进行功率密度编码，构建了以尺

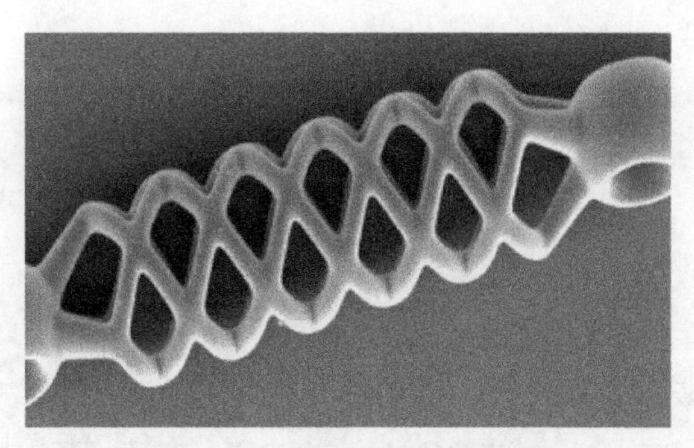

图 1-27　4D 打印的迷你支架

蠖为原型的仿生微爬行器，实现了二维平面内的爬行运动。

2021 年底，中国科学院兰州化学物理研究所研究团队设计开发出了一种新型水凝胶材料，成功实现 4D 打印血管支架，有望解决血管支架在体内植入后难以再变形的问题。中国科学院沈阳自动化所研究团队利用 4D 打印技术制造出了一款纳米级软体机器人，可以让它进入人体，进行药物搬运和控释。青岛大学研究团队研发出了一种 4D 打印干细胞载体，用这种“创可贴”把干细胞“贴上去”，就可以实现创面皮肤的快速再生修复。

2022 年，西安交通大学张彦峰教授团队通过一系列试验，得到了分辨率高、表面光滑的聚硫氨酯结构（4DP-PTU）。相较于传统光固化 3D 打印树脂，4DP-PTU 由于动态硫代氨酯键而具有优异的自修复性、重塑性。4DP-PTU 打印结构在发生损坏后，可通过“断面再打印”的方式进行修复，使性能恢复如初，并且可对 4DP-PTU 粉末通过简单的热压处理，实现自愈合，以及从粉末到块体材料的重塑，自愈合后依然保持与原块状材料相同的力学性能，解决了已有 4D 打印技术难以同时实现抓取与释放的问题，有望应用于机器人领域。

随着对复杂结构、个性化植入设备、高精度医疗设备的需求不断增加，形状记忆聚合物和 4D 打印技术有望突破生物医学领域智能材料和结构的技术壁垒，成为未来各学科合作的新纽带。2023 年，哈尔滨工业大学冷劲松院士课题组在 *Advanced Healthcare Materials* 上发表的文章指出，形状记忆聚合物和 4D 打印技术的发展彻底改变了组织支架的设计方法，制备的组织支架可以随着时间在环境的相应刺激下进行调整，为制造复杂的多层次结构在组织工程的应用方面提供了巨大的潜力。

1.5.2　4D 打印的构成要素

4D 打印的主要构成要素可以分为四个部分：智能或刺激反馈材料、4D 打印设备、外部刺激因子、智能化设计过程。

4D 打印构成要素的关键词云图如图 1-28 所示。

图 1-28　4D 打印构成要素的关键词云图

1. 4D 打印的智能或刺激反馈材料

4D 打印技术的实现离不开智能材料和外界激励源。智能材料种类繁多，目前用于 4D 打印的智能材料包括：亲水纤维、形状记忆合金（shape memory alloy，SMA）、形状记忆聚合物（shape memory polymer，SMP）、压电陶瓷（PZT）、介电弹性材料（dielectric elastomer，DE）、离子聚合物-金属复合材料（ionic polymer-metal composites，IPMC）、巴克凝胶（bucky gel）、光活化聚合物（light-activated polymer，LAP）、水凝胶等。

其中，SMA 和 SMP 属于形状记忆材料。这类材料具有初始形状记忆功能，当在一定的条件下进行一定程度的变形后，通过外界条件（如热感应等）的刺激又可恢复其初始形状。

DE、IPMC 和 Bucky Gel 属于电活性聚合物材料（electroactive polymer，EAP）。这是一类在电场激励下可以产生大幅度尺寸或形状变化的新型柔性功能材料，这类材料具有特殊的电性能和力学性能，在受到电刺激后，产生微小形变。因此，从 20 世纪 90 年代初开始，电活性聚合物（见图 1-29）以较强的诱导形变能力引起了许多学科的科学家和工程师的关注。

迄今为止，形状记忆聚合物材料和水凝胶是最广泛使用的 4D 打印材料。形状记忆聚合物是一种刺激响应型材料，它可在外部刺激条件下从临时形状变为初始形状，完成一个形状记忆循环。根据形状记忆机理不同，形状记忆聚合物还具有多形状记忆效应及可逆形状记忆效应，可实现记忆多个形状和可逆变形（见图 1-30）。形状记忆聚合物具有变形大，玻璃化转变温度可调，驱动方式可设计，质轻价廉等优点。水凝胶材料的主要激励形式包括水驱动、pH 值驱动及热驱动等。水凝胶可用于生物 4D 打印（4D bioprinting）。

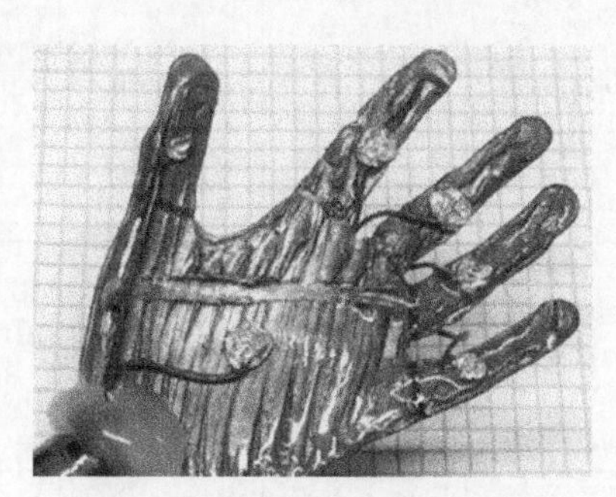

图 1-29　电活性聚合物的概念图

图 1-30　形状记忆聚合物的自折叠形变过程

鉴于单一智能材料的驱动性能有限，一些研究者提出并研究了混合打印技术：一种办法是在打印的物件中嵌入功能材料，从而构成智能结构；另一种方法是将多种智能材料或者结构集成进行打印，打印出来的结构兼具多种智能材料的性能，如用于 4D 打印的水凝胶复合材料/多材料、形状记忆聚合物复合材料/多材料等。

陈花玲等将几种 4D 打印方法与驱动性能进行了比较分析，见表 1-3。

表 1-3　几种 4D 打印方法与驱动性能的比较分析

智能材料类型	打印方法	前体材料	驱动原理	相关驱动性能	应用实例
亲水纤维/水凝胶	直写打印（DW）	亲水高分子纤维	水驱动	响应较慢，不可逆变化时间为 1min~1h	可替代组织器官

（续）

智能材料类型	打印方法	前体材料	驱动原理	相关驱动性能	应用实例
形状记忆合金	SLM	Ni-Ti 粉末与黏结剂	电压/温度驱动	高的应变能，驱动电压低，可逆变化过程，响应速度 1s~1min，应变<6%	软体机器人驱动器件
形状记忆聚合物	FDM/PolyJet/SLA/DW	聚氨酯、交联聚乙烯等	温度/光/磁/电压驱动	需要预拉伸，形变量达 800%，响应速度 1s~1min	抓手、自折叠机构、花瓣、心血管模型、软体机器人等
压电陶瓷	PolyJet/DPP	钛酸钡颗粒/PVDF 溶液	电压驱动	应变 0.1%~0.3%，驱动电压 50~800V，10^{-6}s~1s	电容器、传感器
介电弹性材料	PolyJet/SLA/DW	硅橡胶	电压驱动	需要预拉伸，高电压（1kV 以上），响应速度 10^{-6}s~1s，应变 8%~100%	能量回收装置、软体机器人等
离子聚合物-金属复合材料	DW/FDM	Nafion 溶液/金属颗粒	电压驱动	轻质、柔软、低电压驱动（1~3V），响应速度 10^{-3}s~1s，应变 >8%	传感器、柔性机器人、固态飞行器等
巴克凝胶	PolyJet/DW	聚合物金属颗粒等	电压驱动	低电压驱动（1~10V），响应速度 1ms~1s，应变 >8%	软体机器人、传感器
光活化聚合物	SLA/DW	光敏聚合物	光驱动	需要预拉伸，对光照强度有要求（100~1000nm 光波），响应速度较慢（min 级别），可远程控制	自折叠装置、微机电系统等

2. 4D 打印设备

在通常情况下，4D 打印结构是通过打印设备将不同材料合理分布并一次成形的结构体。不同的材料属性，例如，溶胀比、热膨胀系数，可以使结构按特定方式变化成为可能。目前，4D 打印常用的打印工艺包括聚合物喷射（PolyJet）、熔融沉积、立体光刻、激光辅助生物打印和选区激光熔化。其中，最主要的方法是 PolyJet 打印和熔融沉积。美国 Stratasys 公司所研发的 PolyJet 技术，在处理复合材料打印方面取得了较大进展，很适于打印形状记忆聚合物材料，但存在设备成本高、树脂性能要求高、材料选择仅限于美国 Stratasys 公司的光敏数字材料等缺点。熔融沉积方法适用范围广，但存在打印速度慢、分辨率相对较低等不足。选区激光熔化技术则使用具有高能量密度的激光，熔化金属粉末层以创造均匀的 3D 金属结构，而不需要任何黏结剂和额外的支持。

3. 4D 打印的外部刺激因子

所谓的 4D 打印，与 3D 打印相比，多了一个“D”也就是时间维度，即打印出来的智能材料结构能够在外界激励（光、电、磁、湿度、温度、pH 值、水等）作用下随时间发生形状或者结构的改变，从而通过改变材料的属性及结构设计，实现对象在外部刺激下的时间维度变化，即大小形状可以随时间变化。这里的外界激励就是刺激因子。

刺激因子是用来改变 4D 打印结构体形状、属性和功能变化的触发器。目前运用的刺激因子包括：水、温度、紫外线、光与热的组合，以及水与热的组合。刺激因子的选择取决于特定的应用领域，这同样也决定了 4D 打印结构体中智能材料的选择。根据打印部件对外界刺激的响应程度不同，4D 打印可分为水、热、磁、电、光等多种驱动方式。

（1）水驱动 4D 打印　水驱动 4D 打印部件通常由暴露在水中时具有体积变化的材料作为驱动组件，而亲水性材料作为基质组件。当驱动部件与水分子结合时，体积发生变化，发生变形。例如，亲水性聚合物遇到水时会形成水凝胶，导致体积急剧增加，纤维素与水分子结合时会膨胀，基质的驱动成分的变形最终会使水环境中的整体结构变形。实现水驱动 4D 打印需要考虑的主要问题是制备具有溶胀各向异性的打印材料，以及在水环境中设计不同方向具有不同溶胀特性的打印材料。

水驱动 4D 打印技术的打印材料相对容易制造，不需要复杂的打印设备。它可以实现很大程度的变形，有望应用于人体、水下机器人等领域。然而，由于使用水响应型智能材料的部件高度依赖于水环境，因此实现远程精确控制是具有挑战性的。

（2）热驱动 4D 打印　热驱动 4D 打印技术通过调节温度激活形状记忆材料，以控制部件的变形。通常，可以响应热刺激的热塑性形状记忆聚合物或形状记忆合金被用作热驱动 4D 打印材料。其中，热驱动形状记忆聚合物比形状记忆合金更容易制备，因此被广泛应用于热驱动 4D 打印技术的研究。热驱动形状记忆聚合物的形状记忆功能源于其分子链组分在温度刺激下的玻璃化转变或熔融转变。

热驱动 4D 打印组件的典型制造工艺是：首先，利用 3D 打印制造具有初始形状的组件；然后，当组件高于聚合物的玻璃化转变温度 T_g 时，将组件从初始形状调整为临时形状，保持临时形状并将其冷却至玻璃化转变温度以下，以使临时形状稳定；当再次加热至玻璃化转变温度以上时，组件可恢复其原始形状，实现形状记忆功能。

（3）磁驱动 4D 打印　磁驱动 4D 打印技术是通过磁场激活并控制 4D 打印部件。主要有两种实现方式：直接响应和间接响应。直接响应法是将混合有磁性颗粒的基质固定成临时形状，并将其置于磁场中。磁场改变了磁性颗粒中的磁畴。当再次施加相同的磁场时，基体中的磁性颗粒的磁场会对施加的磁场做出响应，从而实现形状记忆。间接响应法是基于磁性颗粒在磁场中的磁热效应，利用热量驱动元件，该方法是热驱动方法的变体。

无论是热驱动还是水驱动，都高度依赖外部环境，这在一定程度上限制了 4D 打印技术的发展。与热驱动和水驱动相比，磁力驱动对环境的依赖性更小，实现了特定的远程控制。同时，由于磁场可以实现快速变化和转换，因此磁驱动的 4D 打印组件通常具有更高的响应速度。

（4）电驱动 4D 打印　电驱动形状记忆效应主要是利用电流的电阻加热效应，并在部件中嵌入具有电热效应的材料（如电热丝、导电填料等）。在该部件中，当加热材料被通电时，形状记忆效应被激活。这种驱动方式的优点是无须改变外部环境温度，因此具有更高的加热效率和更快的响应速度。通过放置加热材料，可以控制部件的局部变形。

（5）光驱动 4D 打印　光驱动 4D 打印是指以光作为激发源来改变 4D 打印组件的结构或外观。光驱 4D 打印技术可以实现远程精确控制。然而，当部件受阻或打印材料的透明度不好时，该驱动方法很可能失败，从而限制了其应用。光活化聚合物（LAP）就属于是光驱动的智能材料。

4. 4D 打印的智能化设计过程

智能材料自身在 4D 打印对象形态变化中发挥着至关重要的作用，但是，基于对交互机制、可预测行为和需求参数充分考虑的复杂设计过程，材料在空间的合理分布是 4D 打印过程中的关键因素。通过设计智能材料的方向、位置、分布，可以使结构体受刺激因子的刺激后，产生满足形态需要的变化。

1.5.3　4D 打印的应用前景

4D 打印技术在诸多领域中有广阔的应用前景。

1）在生物医学领域，4D 打印技术在医疗器械、组织工程、药物释放等领域取得了一定的进展。在医疗领域，研究人员已经成功地使用 4D 打印技术打印出能够自动释放药物的微型植入物，这为药物的精确控释提供了新思路。此外，4D 打印技术还被应用于生物医学领域，用于打印出类似人体器官的结构，为再生医学提供了新的方法和可能性。

2）在机械领域，4D 打印技术能够制造智能柔性机械。智能柔性机械具有日益广泛的用途，可用于柔性机器人、医疗机器人、仿生机器人等机器人领域，还可用于在外界刺激下实现自组装、自折叠的自执行系统等领域。

3）在军事领域，4D 打印的结构具备自组装、多功能和自我修复能力，能够使未来军工设备根据现场环境和作战目标的不同，灵活调整以自适应实时战况，提高作战效能。

4）在航天领域，利用 4D 打印物体的自组装能力，可将打印完成的物体以便于运输的形状送往太空，在太空中完成自动变换形状、组装等过程，从而节省运输空间，降低运输成本。

5）在交通领域，未来人们甚至可以根据所需汽车性能、外部形状、内部结构等购买汽车组件，随时随地通过组件的自组装形成个性化定制的汽车产品。与此同时，当前社会“停车难”的问题，随着资源、空间的日益消耗逐渐被放大，汽车以后甚至可以折叠成不占空间的形状，使停车问题不再令人头疼。

6）在建筑领域，以地下排水系统为例，利用 4D 打印技术开发出的“自适应”水管，可以根据水管外壁受力的不同自行改变其管道直径、材料刚性。比如，遭遇洪水、地震等自然灾害时，能够扩大直径或者使材料变为柔性，以保证供水正常。

7）在其他一些领域，如教育领域、产品设计领域、新材料领域等，4D 打印都有着广阔的应用前景。

从企业来看，4D 打印技术在研究与应用、产品创新、供应链整合等方面都带来了新的挑战与机遇。首先，从研究与应用的角度来看，4D 打印技术的发展需要结合多种技术领域的研究成果，如功能材料、工程结构设计、控制与信息处理等。对于企业来说，要形成 4D 打印技术的核心竞争力，需要建立跨学科的研发团队，整合研究资源，实现知识创新的快速传播和共享；同时，也需要加强与高校、科研院所、行业协会等外部组织的合作，提高企业的创新能力。

其次，从产品创新的角度来看，4D 打印技术为企业提供了一个全新的平台，可以根据客户需求和市场变化，快速开发具有智能性、个性化和高性能的产品。对于管理者而言，需要掌握 4D 打印技术的特点和应用前景，结合企业自身的优势，制定合适的创新战略，培育新的竞争优势。这包括推动组织变革，建立高效的创新管理体系，以及深化与客户、供应商、行业伙伴等在产品创新方面的合作。

再者，从供应链整合的角度来看，4D 打印技术可以在很大程度上改变传统制造业的生产模式。通过采用分布式制造、定制化生产等策略，企业可以缩短供应链，降低库存成本，提高供应链的灵活性和响应能力。在这个过程中，管理者需要选用合适的信息技术，加强对供应链的规划、监控与优化，实现资源的高效整合与配置。

总之，从管理的角度来看，4D 打印技术对企业的创新能力、市场竞争力及供应链管理水平都提出了新的要求。管理者不仅需要关注 4D 打印技术的发展趋势，还要充分利用这一技术所带来的机会，积极应对挑战，推动企业实现可持续发展。

参考文献

[1] 陈继民，曾勇. 3D 打印技术基础 [M]. 北京：化学工业出版社，2023.

[2] WALKER D A, HEDRICK J L, MIRKIN C A. Rapid, large-volume, thermally controlled 3D printing using a mobile liquid interface [J]. Science, 2019, 366 (6463): 360-364.

[3] SKYLAR-SCOTT M A, MUELLER J, VISSER C W, et al. Voxelated soft matter via multimaterial multinozzle 3D printing [J]. Nature, 2019, 575 (7782): 330-335.

[4] ZHANG D, QIU D, GIBSON MA, et al. Additive manufacturing of ultrafine-grained high-strength titanium alloys [J]. Nature, 2019, 576 (7785): 91-95.

[5] 朱红，易杰，谢丹. 3D 打印技术基础 [M]. 3 版. 武汉：华中科技大学出版社，2023.

[6] BOURELL D L, BEAMAN J B, LEU M C, et al. A brief history of additive manufacturing and the 2009 roadmap for additive manufacturing: looking back and looking ahead [C]. In: US-Turkey workshop on rapid technologies. September 24, 2009.

[7] KELLY B E, BHATTACHARYA I, HEIDARI H, et al. Volumetric additive manufacturing via tomographic reconstruction [J]. Science, 2019, 363 (6431): 1075-1079.

[8] NOOR N, SHAPIRA A, EDRI R, et al. 3D printing of personalized thick and perfusable cardiac patches and hearts [J]. Advanced Science, 2019, 6 (11): 1900344.

[9] GRIGORYAN B, PAULSEN S J, CORBETT D C, et al. Multivascular networks and functional intravascular topologies within biocompatible hydrogels [J]. Science, 2019, 364 (6439): 458-464.

[10] LEE A, HUDSON A R, SHIWARSKI D J, et al. 3D bioprinting of collagen to rebuild components of the human heart [J]. Science, 2019, 365 (6452): 482-487.

[11] 王延庆，张存生，郝敬宾，等. 3D 打印实用技术 [M]. 北京：化学工业出版社，2023.

[12] CHIMENE D，MILLER L，CROSS L M，et al. Nanoengineered osteoinductive bioink for 3D bioprinting bone tissue [J]. ACS Applied Materials & Interfaces，2020，12 (14)：15976-15988.

[13] LIU G，ZHANG X，LU X，et al. 4D Additive-subtractive manufacturing of shape memory ceramics [J]. Advanced Materials，2023，35 (39)：2370282.

[14] LI F，LIU S F，LIU W，et al. 3D printing of inorganic nanomaterials by photochemically bonding colloidal nanocrystals [J]. Science，2023，381 (6665)：1468-1474.

[15] REN J，ZHANG Y，ZHAO D. et al. Strong yet ductile nanolamellar high-entropy alloys by additive manufacturing [J]. Nature 2022，608 (7921)：62-68.

[16] JIN B，LI H，HE X，et al. Two-photon polymerization-based 4D printing and its applications [J]. International Journal of Extreme Manufacturing，2024，6 (1)：012001.

[17] ZHAO Q，QI H J，XIE T. Recent progress in shape memory polymer：New behavior，enabling materials，and mechanistic understanding [J]. Progress in Polymer Science，2015 (49-50)：79-120.

第2章 3D打印材料

3D 打印材料的种类日益增多，可以从以下不同的角度进行分类。

首先，根据物理形态，3D 打印材料可分为液态材料、粉末材料、丝状材料和片状材料。液态材料包括液态树脂、液态金属等，适用于光固化和金属喷墨等技术。粉末材料包括聚合物粉末、金属粉末和陶瓷粉末，常用于粉末烧结和选区激光熔化等技术。丝状材料包括聚合物丝材、金属丝材等，适用于熔融沉积等挤出式打印技术。片状材料包括纸张和薄膜，常用于叠层实体制造等技术。

其次，根据化学组成，3D 打印材料可分为聚合物材料、金属材料、无机非金属材料和复合材料。聚合物材料包括工程塑料、生物塑料和光敏树脂，具有良好的可塑性和可加工性。金属材料包括不锈钢、铝合金等，具有高强度和耐蚀性。无机非金属材料包括陶瓷、玻璃、石膏等，具有耐高温、耐磨等特性。复合材料由两种或多种不同材料组成，如纤维增强复合材料，具有优异的力学性能和轻量化特点。

2.1 3D 打印聚合物材料

聚合物材料是指由多个单体分子通过化学反应连接而成的大分子化合物，这些单体分子通过聚合反应形成线性、支化或网络结构的聚合物。聚合物材料具有多种特性和性质，如可塑性、耐热性、耐化学腐蚀性等，使其在各个领域具有广泛的应用。聚合物材料是最常用的 3D 打印材料之一，包括热塑性聚合物和热固性聚合物。

2.1.1 热塑性聚合物

热塑性聚合物是指可以通过加热软化并在冷却后保持其形状和性能的聚合

物材料。这些材料在 3D 打印过程中可以通过熔融、烧结、层叠等方式逐层堆叠成所需的形状。常见的聚合物材料有 ABS、聚乳酸、聚酰胺、聚碳酸酯等，这些材料都具有良好的可塑性和可加工性。

1. ABS

ABS 是丙烯腈（A）、丁二烯（B）、苯乙烯（S）的三元共聚而成的聚合物，其化学式如图 2-1 所示。它综合了三种组分的性能，其中丙烯腈具有高的硬度和强度、耐热性和耐蚀性，丁二烯具有抗冲击性和韧性，苯乙烯具有表面高光泽性、易着色性和易加工性。上述三组分的特性使 ABS 成为一种“质坚、性韧、刚性大”的综合性能良好的热塑性塑料。调整 ABS 三组分的比例，其性能也随之发生变化，以适应各种应用的要求，如高抗 ABS、耐热 ABS、高光泽 ABS 等。ABS 的成形加工性好，可采用注射、挤出、热成形等方法成形，可进行锯、钻、锉、磨等机械加工，可用三氯甲烷等有机溶剂黏结，还可进行涂饰、电镀等表面处理。ABS 还是理想的木材代用品和建筑材料等。ABS 强度高，轻便，表面硬度大，非常光滑，易清洁处理，尺寸稳定，抗蠕变性好，宜作电镀处理材料。其应用领域仍在不断扩大。ABS 在工业中应用极为广泛。其注射制品常用来制作壳体、箱体、零部件、玩具等；挤出制品多为板材、棒材、管材等，可进行热压、复合加工及制作模型。

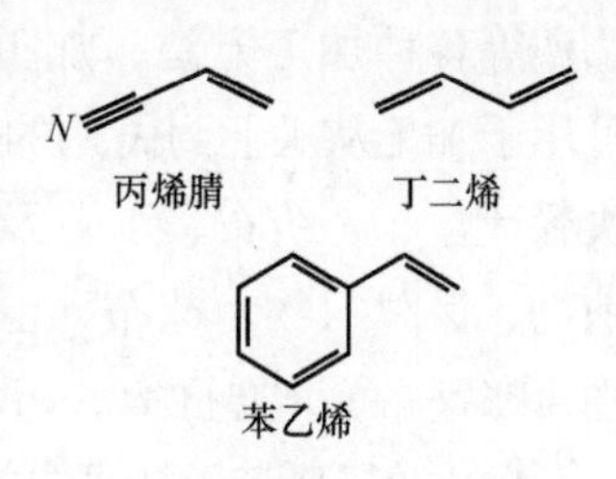

图 2-1　ABS 的化学式

ABS 的外观为不透明呈象牙色的粒料，无毒、无味、吸水率低。其制品可着成各种颜色，并具有 90%的高光泽度，如图 2-2 所示。ABS 同其他材料的结合性好，易于表面印刷、涂层和镀层处理。ABS 的氧指数为 18. 2，属易燃聚合物，火焰呈黄色，有黑烟，烧焦但是不滴落，并发出特殊的肉桂味。ABS 是一种综合性能良好的树脂，在比较宽广的温度范围内具有较高的冲击强度和表面硬度，热变形温度比聚酰胺（PA）、聚氯乙烯（PVC）高，尺寸稳定性好。ABS 熔体的流动性比聚氯乙烯（PVC）和聚碳酸酯（PC）好，但比聚乙烯（PE）、聚酰胺（PA）及聚苯乙烯树脂（PS）差，与聚甲醛（POM）和聚苯乙烯（HIPS）类似。ABS 的流动特性属非牛顿流体，其熔体黏度与加工温度和剪切速率都有关系，但对剪切速率更为敏感。

图 2-2　ABS 的外观

ABS 具有耐热性、抗冲击性、耐低温

性、耐化学药品性及电气性能优良，制品尺寸稳定等特点，因此 ABS 是 3D 打印的主要材料之一。

2. 聚乳酸

聚乳酸（PLA），又称聚丙交酯，是以乳酸为主要原料聚合得到的聚酯类聚合物，是一种新型的生物降解材料，其化学式如图 2-3 所示。它是使用可再生的植物资源（如玉米）所提取的淀粉原料制成的。淀粉原料经由糖化得到葡萄糖，再由葡萄糖及一定的菌种发酵制成高纯度的乳酸，再通过化学合成方法合成一定相对分子质量的 PLA。PLA 具有良好的生物可降解性，使用后能被自然界中微生物完全降解，最终生成二氧化碳和水，不污染环境，是公认的环境友好材料。

PLA 的力学性能及物理性能良好，适用于吹塑、热塑等各种加工方法，加工方便，应用十分广泛。它可用于加工从工业到民用的各种塑料制品、包装食品、快餐饭盒、无纺布、工业及民用布，进而加工成农用织物、保健织物、抹布、卫生用品、室外防紫外线织物、帐篷布、地垫面等，市场前景十分看好。

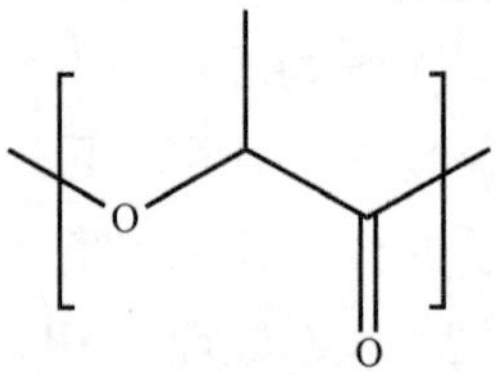

图 2-3 聚乳酸的化学式

PLA 在 3D 打印技术中的应用非常广泛。它被广泛用于原型制作、模型制作、艺术品制作和教育用途等领域。在原型制作方面，PLA 可以快速打印出各种形状和结构的原型，帮助设计师验证设计概念和进行功能测试。在模型制作方面，PLA 易于使用和环保可降解的特性使得它成为制作模型的理想选择。在艺术品制作方面，PLA 的表面质量好，可以呈现出艺术品的细腻纹理和精致外观。在教育领域，PLA 被广泛应用于学校和教育机构中，学生可以使用 PLA 进行创意设计和制作，培养他们的创造力和实践能力。总的来说，PLA 在 3D 打印技术中的应用广泛，其易于使用、环保可降解、表面质量好等优点使得它成为许多领域的首选材料。

3. 聚酰胺

聚酰胺（PA），俗称尼龙（Nylon），外观为白色至淡黄色颗粒，如图 2-4 所示。其制品表面有光泽且坚硬。PA 有很好的耐磨性、韧性和抗冲击强度，可用作制备具有自润滑作用的机械零件。PA 耐油性好，无嗅无毒，可作为食品的包装材料。PA 的不足之处是在强酸或强碱条件下不稳定，吸湿性强。部分 PA 制成合成纤维，其强度甚至可与碳纤维媲美。作为最重要的工程塑料之一，PA 在汽车、航空、家电、电子消费品、艺术设计等多个领域都有着广泛应用。

PA 在 3D 打印领域具有其他材料无可比拟的优势，是市场上最受欢迎的多功能 3D 打印材料之一。PA 粉末广泛用于激光烧结工艺，其中 PA12（尼龙 12）是最常用的烧结材料。除了激光烧结工艺，HP 公司的多射流熔融技术也支持 PA 粉末材料的 3D 打印。但单纯 PA 的强度、变形模量、热变形温度并不理想，而且收缩率大，烧结过程中容易发生翘曲变形。由于 PA 具有良好的黏结性和粉末特性，可与碳纤维、玻璃粉、金属粉等混合进行 3D 打印，因此 PA 复合材料是发展的重点，如玻璃纤维增强 PA、碳纤维增强 PA 等。玻璃纤维增强 PA 是在 PA 加入质量分数为 30%的玻璃纤维，其力学性能、尺寸稳定性，耐热性、耐老化性会明显提高，疲劳强度是未增强的 2.5 倍。但玻璃纤维的加入也增加了制品的表面粗糙度值，影响制品的外观。碳纤维增强 PA 是在 PA 中加入短切碳纤维或连续碳纤维，其强度比玻璃纤维增强 PA 的强度更高，而且在较高温度下仍能保持很高的强度。与玻璃纤维增强 PA 相比，碳纤维增强 PA 具有更高的强度和刚度，更好的导电和导热性能，但价格也贵了很多。碳纤维增强 PA 的线胀系数与金属相近，是理想的金属替代用材料。随着 3D 打印技术的迅速发展，玻璃纤维增强 PA 和碳纤维增强 PA 在 3D 打印领域的应用日益增加。

图 2-4　聚酰胺的外观

PA 还可用于熔融沉积成形（FDM）工艺，PA 要求的打印温度较高，高于一些熔融沉积设备允许的温度，但目前一些新型的熔融沉积设备也能够打印 PA。美国 Stratasys 公司开发了若干款面向熔融沉积工艺的 PA。FDM Nylon 12 是 Stratasys 公司推出的第一种 PA 系列材料，具有良好的强度、韧性、抗疲劳性和耐蚀性，其应用包括定制生产工具、夹具、卡扣及摩擦贴合嵌件等。FDM Nylon 12CF 由 Nylon 12 树脂和短碳纤维的共混物组成，其中短碳纤维的质量分数为 35%，是具有优异结构特性的碳填充热塑塑料。该材料具有很高的刚度质量比，其高强度、高刚度和质量小的特性使其可替代部分金属组件，适于生产较轻工具和部分最终用途部件。FDM Nylon 6 拥有出色的强度和刚度，并保持了良好的抗冲击性。它填补了 FDM Nylon 12 与高刚性的 FDM Nylon 12CF 之间的空白，可生产具有光洁表面和高抗断裂性的耐用零件，适用于汽车、航空航天、消费品和工业制造等领域。

4. 聚碳酸酯

聚碳酸酯（PC）是分子链中含有碳酸酯基的高分子聚合物，其化学式如

图 2-5 所示，是一种性能优良的工程塑料。聚碳酸酯无色透明，耐热，抗冲击，在普通使用温度内都有良好的力学性能，如图 2-6 所示。聚碳酸酯的耐冲击性能好，折射率高，加工性能好，不需要添加剂就具有 UL94 V-2 级阻燃性能。其强度比 ABS 高出 60%左右，具有良好的强度、耐冲击性和耐蠕变性，能够直接制造最终零部件。PC 粉末是选择性激光烧结工艺中的一种重要材料，PC 丝材是目前熔融沉积成形工艺中的重要材料。为了提高 PC 材料的性能，降低其缺口敏感性，人们采取若干种方法对 PC 材料加以改性，如 PC-ABS 材料、玻璃纤维增强 PC 材料、碳纤维增强 PC 材料等。

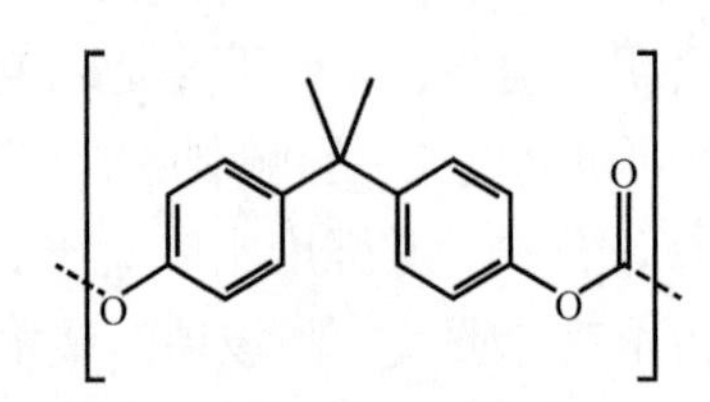

图 2-5　聚碳酸酯的化学式

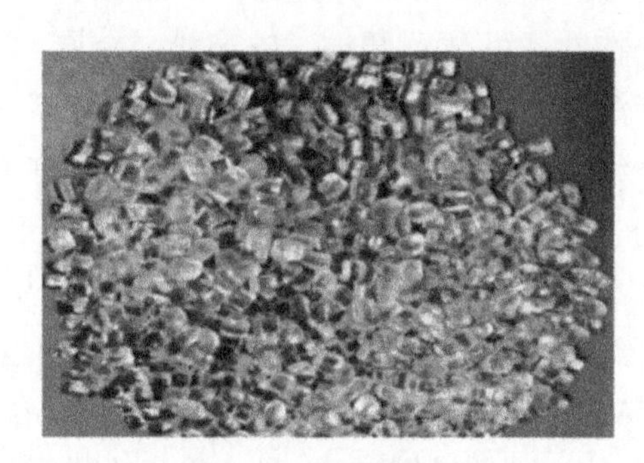
图 2-6　聚碳酸酯的外观

聚碳酸酯在 3D 打印领域有着广泛的应用。它可以用于制造功能性零件，如汽车、航空航天和机械工程领域的零件。聚碳酸酯还可以用于制造耐高温零件，如汽车引擎部件和电子设备散热器。此外，聚碳酸酯的透明度和光学性能使其适用于制造光学镜片、显示器件和眼镜等产品。聚碳酸酯材料的加工性能良好，适合于 3D 打印技术，可以制造各种形状和复杂度的零件。

5. 聚苯砜

聚苯砜（PPSU）的颜色通常是透明或淡黄色，是一种无定形的热性塑料，如图 2-7 所示。PPSU 是所有热塑性材料中强度最高、耐热性最好、耐蚀性最强的材料，具有优异的综合性能。PPSU 在 3D 打印中应用广泛，能够满足各种领域的需求，包括汽车、航空航天、化学、医疗和电子等。根据该材料所具有的这些特性，其往往被应用于制造耐高温零件，如汽车引擎部件、航空航天零件和工业设备组件；制造化学耐蚀零件，如化学处理设备、实验室器具和化学传感器；制造医疗器械和器件，如医疗器械、手术工具、牙科设备和人工关节等；制造电子和电气零件，如电子外壳、连接器、绝缘件和电路板等。

6. 聚对苯二甲酸乙二酯

聚对苯二甲酸乙二酯（PET），是一种乳白色或浅黄色的高度结晶聚合物，表面平滑有光泽，如图 2-8 所示，具有较小的质量，适合用于制造轻量化的零件和产品。PET 的熔点较低，在 3D 打印中易于加工和熔化。PET 在 3D 打印中具有广泛的应用。PET 具有耐温性能、耐化学性、易于打印和环保性等特点，在制造功能性零件、包装和容器、艺术品和模型等方面有较大优势。

图 2-7　聚苯砜的外观

图 2-8　聚对苯二甲酸乙二酯的外观

7. 聚醚醚酮

聚醚醚酮（PEEK），是一种颜色通常为深黄色或深棕色的高性能工程塑料，如图 2-9 所示。PEEK 具有优异的性能：耐高温高热性能好，PEEK 的熔点为 334～343℃，需要较高的温度才能熔化和加工；具备良好的韧性和刚性，可与合金材料媲美的优良耐疲劳性能，能够承受较大的力；PEEK 化学稳定性好，除浓硫酸外不溶于任何溶剂和强酸、强碱；具有良好的生物相容性，适用于医疗领域的应用，如人工关节和牙科植入物等；具有优良的自润滑性，耐滑动磨损和微动磨损的性能优异，尤其是能在 250℃ 下保持高耐磨性和低摩擦因数；尺寸稳定性，线胀系数较小；具有阻燃、抗辐射、电绝缘等性能。

图 2-9　聚醚醚酮的外观

由于 PEEK 具有以上优良的综合性能，在许多特殊领域可以替代金属、陶瓷等传统材料，是高性能工程塑料之一，在航空航天、汽车工业、电子电气和医疗器械等领域有着日益广泛的应用。

近年来，纤维增强 PEEK 复合材料成为国内外的研究热点之一。与纯 PEEK 相比，碳纤维增强的 PEEK 复合材料具有拉伸强度、冲击强度和弯曲强度更高，摩擦因数和磨损率更低等优良的特性，其优良的摩擦学性能甚至超过超高摩尔质量的聚乙烯。但因 PEEK 具有较高的熔点和黏度，需要较高的温度和专业的设备才能进行加工，因此价格相对较高。

8. PC-ABS

PC-ABS 是一种广泛应用的热塑性工程塑料，具备 ABS 的韧性和 PC 的高强度及耐热性，多用于汽车、家电及通信行业。

9. PC-ISO

PC-ISO 是一种通过医学认证的白色热塑性材料，具有较高的强度，广泛应用于药品和生物医疗行业，如手术模拟、颅骨修复、牙科等。

10. 其他聚合物

除上述说明的几个材料外，还有很多热敏性聚合物适用于 3D 打印。例如，热塑性聚氨酯（TPU）具有优异的弹性和耐磨性，适用于制造柔性零件和弹性模型；聚丙烯（PP）具有良好的耐化学品性能和低摩擦因数，适用于制造耐腐蚀零件和管道；丙烯腈-苯乙烯-丙烯酸酯共聚物（ASA）具有良好的耐候性和耐紫外线性能，适用于户外应用和耐久零件制造；聚甲基丙烯酸甲酯（PMMA）具有良好的透明性和光学性能，适用于制造透明模型和装饰品；聚乙烯醇（PVA）可溶于水，常用作支撑材料，可在打印完成后通过水溶解去除。

热塑性聚合物是一类具有良好可塑性和可加工性的聚合物材料。常见的热塑性聚合物比较见表 2-1。

表 2-1　常见的热塑性聚合物比较

<table>
<tr><th>材料</th><th>颜色</th><th>熔点/℃</th><th>共性</th></tr>
<tr><td>ABS</td><td>无色或半透明</td><td>200~240</td><td rowspan="9">这些材料都具有较高的耐热性，在一定温度范围内保持稳定的性能；具有较高的机械强度和耐冲击性，广泛应用于汽车工业、医疗设备、电子产品、航空航天等领域</td></tr>
<tr><td>聚乳酸</td><td>白色或透明</td><td>150~160</td></tr>
<tr><td>聚酰胺</td><td>白色或透明</td><td>200~300</td></tr>
<tr><td>聚碳酸酯</td><td>透明或半透明</td><td>220~230</td></tr>
<tr><td>聚苯砜</td><td>白色或淡黄色</td><td>380~400</td></tr>
<tr><td>聚对苯二甲酸乙二酯</td><td>透明或半透明</td><td>250~260</td></tr>
<tr><td>聚醚醚酮</td><td>白色或淡黄色</td><td>330~340</td></tr>
<tr><td>PC-ABS</td><td>黑色或灰色</td><td>220~250</td></tr>
<tr><td>PC-ISO</td><td>透明或半透明</td><td>250~260</td></tr>
</table>

2.1.2 热固性聚合物

常见的热固性聚合物材料有酚醛树脂、硅酮树脂、环氧树脂等，这些材料都具有较高的耐热性、耐化学腐蚀性和力学性能。热固性聚合物材料在 3D 打印中通常需要使用特定的打印工艺，如光固化等。它们具有较高的耐热性和耐化学品性能，适用于制造要求更高的零件和模型。然而，与热塑性聚合物相比，热固性聚合物的加工性和可塑性较差，需要更严格的打印条件和后处理步骤。

1. 酚醛树脂

固体酚醛树脂为黄色、透明、无定形块状物质，如图 2-10 所示；液体酚醛树脂为黄色、深棕色液体。酚醛树脂具有优异的耐热性，能够在高温下保持稳定性，具有较高的热变形温度；具有良好的耐化学性，能够抵抗多种化学物质的侵蚀；在所有树脂中具有最好的耐疲劳性；具有良好的可加工性，其高温流动性好，而热分解温度又很高的特点，可采用多种加工方式（如注射成形、挤出成形、模压成形及熔融纺丝等）；具有良好的电绝缘性能，能够阻止电流的流动，它在电子和电气领域中常被用作绝缘材料。

酚醛树脂在许多行业中都有广泛的应用。在电子和电气行业，酚醛树脂由于其优异的电绝缘性能，常用于制造电子和电气设备的绝缘件、插座、开关和绝缘板等；在汽车工业，酚醛树脂常用于制造汽车零件和组件，如制动片、离合器片和发动机零件等；在建筑和建材行业，酚醛树脂常用于制造建筑材料，如防火板、隔热材料和耐火涂料等；在化工行业，酚醛树脂常用于制造化工设备和管道的内衬材料，以抵抗腐蚀和侵蚀。

图 2-10　酚醛树脂的外观

在 3D 打印材料中，酚醛树脂可以用于制造高温环境下的功能性零件和组件，可以通过光固化 3D 打印技术或其他适用的 3D 打印方法来制造复杂形状的零件。

2. 硅酮树脂

硅酮树脂是一种特殊的有机硅化合物，一般为透明或半透明。硅酮树脂具有出色的耐高温性能，可以在高温环境下保持稳定性，一些硅酮树脂可以耐受超过 300℃的高温；具有一定的柔韧性和弹性，可以在一定程度上承受拉伸和变形而不破裂；具有优异的电绝缘性能，可以有效阻止电流的流动，具有良好的绝缘性能；具有良好的耐化学性，可以抵抗酸、碱、溶剂等的侵蚀；具有良好的耐候性，可以抵抗紫外线、氧化和湿度等环境因素的影响，具有较长的使用寿命。该材料在 3D 打印材料中也有一定的应用，与酚醛树脂相似。

3. 环氧树脂

环氧树脂是一种常见的热固性树脂，一般是透明或无色的，如图 2-11 所示。环氧树脂对许多化学物质具有良好的耐化学性，可以抵抗酸、碱、溶剂等的侵蚀；具有较高的耐热性，可以在高温环境下保持稳定性，一些特殊的环氧树脂可以耐受超过 200℃的高温；具有较高的强度和刚度，可以提供良好的结构支撑和抗压性能；具有良好的黏结性能，可以与许多材料（如金属、陶瓷、塑料等）牢固黏结。该材料在 3D 打印材料中也有一定的应用，与上述两种材料相似。

4. 聚酰亚胺

聚酰亚胺（PI），通常呈现透明或者呈黄色、棕色，如图 2-12 所示。因为 PI 有优异的光学性能，如低折射率和低色散性能，常用于制造光学器件、光纤涂层等；又因为 PI 具有生物相容性和耐高温性能，常用于制造医疗器械，如人工心脏瓣膜、植入式医疗器械等；也可以利用其吸湿线性膨胀的原理制作湿度传感器。

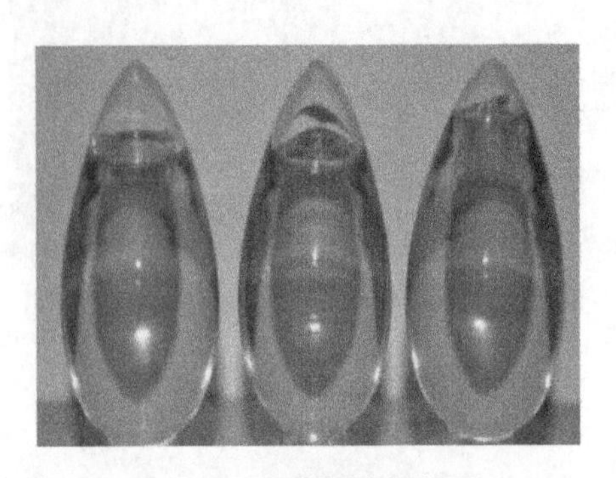

图 2-11　环氧树脂的外观

图 2-12　聚酰亚胺的外观

聚酰亚胺作为很有发展前途的高分子材料已经得到充分的重视，在绝缘材料和结构材料方面的应用正不断扩大，在功能材料方面正崭露头角，其潜力仍在发掘中。但是与其他聚合物比较，其成本太高。因此，今后聚酰亚胺研究的主要方向之一仍应是在单体合成及聚合方法上寻找降低成本的途径。

热固性聚合物是一类具有优异的耐热性和耐化学性的聚合物材料。与热塑性聚合物不同，热固性聚合物在加热时会发生化学交联反应，形成三维网络结构，从而在冷却后无法再次软化或熔化。这使得热固性聚合物具有较高的热稳定性和强度，适用于高温和要求较高强度的应用领域。常见的热固性聚合物比较见表 2-2。

表 2-2　常见的热固性聚合物比较

材料	颜色	特点
酚醛树脂	白色和透明色	高强度、高硬度
硅酮树脂	无色或淡黄色	耐候性
环氧树脂	无色或淡黄色	可调控的固化速度
聚酰亚胺	白色或淡黄色	低烟、低毒性
共性	这些材料通常呈现为固体状态，都具有较高的耐热性，高温下保持稳定的性能；都具有良好的耐化学性，能抵挡许多化学物质的侵蚀；广泛应用于工程领域，如航空航天、电子器件、化工设备等，用于制造要求高性能材料的零部件和制品	

2.1.3　光敏树脂

液态光敏树脂具有良好的流动性和较快的固化速度，成形后产品外观平滑，可呈现透明至半透明磨砂状。光敏树脂材料由反应性低聚物（又称预聚物）、反应性稀释剂（又称反应性单体）、光引发剂（又称光敏剂或光固化剂）以及填料组成。低聚物是含有不饱和官能团的低分子聚合物，是光固化材料中最基础的材料，决定了光敏树脂的基本物理化学性能，如黏度、硬度、断后伸长率等。低聚物的种类繁多，其中应用较多的包括各类丙烯酸树脂、环氧树脂、乙烯基醚类树脂等。反应性稀释剂是化学结构中含有可聚合官能团的有机物小分子溶剂，习惯上也称为单体，在光敏树脂体系中起着十分重要的作用。在发生光固化反应时，反应性稀释剂把高相对分子质量的低聚物分子连接在一起，对完全固化起着重要的作用。光引发剂在一定波长的紫外光照射下能够形成一些活性物质，如自由基或阳离子。自由基或阳离子使低聚物和单体活化，从而引发聚合反应，形成很长的交联聚合物高分子，液态树脂也转变成坚硬的固态，完成固化过程。

用于 3D 打印的光敏树脂不仅要对特定波长的光源具有高的光敏感性，还应该具有黏度低、固化速度快、固化收缩小、一次固化程度高、固化溶胀小等特性。按照光敏树脂参加光固化交联过程中的反应机理，可以将其分为三类：自由基型光敏树脂、阳离子型光敏树脂、自由基-阳离子混杂型光敏树脂。

1. 自由基型光敏树脂

自由基型光敏树脂的低聚物需要具有不饱和双键基团，主要选用各种丙烯酸酯树脂，包括环氧丙烯酸酯树脂、聚酯丙烯酸酯树脂、聚氨酯丙烯酸酯树脂等。环氧丙烯酸酯树脂的光固化速度快，固化后具有硬度高，光泽度好，耐蚀性、耐热性及电化学性优异等特点，并且原料来源广，价格低，合成工艺简单。聚氨酯丙烯酸酯树脂是自由基型光敏树脂中又一重要的低聚物，有较好的综合性能，但存在光固化速度相对较慢，黏度较大，价格相对较高等缺点。自由基型光敏树脂的主要优点是光敏性好，固化速率快，黏度低，产品韧性好，成本低，因此早期的光固化成形树脂选用的都是这类树脂；其缺点是固化后成形零件的表面精度差，固化收缩率较大，制品易翘曲变形。

2. 阳离子型光敏树脂

阳离子型光敏树脂主要有环氧树脂（EP）和乙烯基醚类树脂。阳离子型光敏树脂的优点是固化体积收缩率小，固化反应程度高，成形后不需要二次固化，得到的制件尺寸稳定，精度高，力学性能优异；但阳离型光敏树脂成本高，固化反应速率低，黏度高，一般需要添加较多的活性稀释剂才能满足打印要求。

3. 自由基-阳离子混杂型光敏树脂

自由基-阳离子混合型光敏树脂由自由基型光敏树脂和阳离子型光敏树脂混合而成。自由基聚合在紫外光照射停止后立即停止，而阳离子聚合在停止照射后继续进行。当二者结合后，产生协同固化效应，最终产物的体积收缩率可显著降低，性能也可实现互补。因此，混杂型光敏树脂是光固化成形树脂发展的趋势。

以上三种树脂，常温下通常呈现无色的液体状态。它们在光敏作用下发生聚合反应形成固体，都适用于光刻工艺、微纳加工和印刷等领域，具有高分辨率、快速固化和精确成形的特点。

随着 3D 打印技术的快速发展，近年来新型的光敏树脂材料及光固化成形工艺不断出现，如具有更高的强度和耐冲击性的高强树脂、能够承受较高温度的高温树脂、在高强度挤压和反复拉伸下具有较高弹性和抗撕裂性能的弹性树脂、具有高韧性和高冲击强度的柔性树脂、用于铸造行业的熔模铸造树脂、用于生物医学领域的生物相容性树脂、在普通日光下就可以固化的日光树脂、用于陶瓷光固化技术的陶瓷树脂等。

2.1.4 高分子凝胶

高分子凝胶也称为水凝胶或高分子水凝胶，是由亲水性聚合物、共聚物或聚电解质构成的高分子网络。由于其网络结构的亲水性，凝胶可以保有大量的水，而且有些高分子凝胶可以对温度、电场、磁场、压力等外界刺激发生响应。高分子凝胶在结构上和自然界中构成生物体的材料十分相近，是一种很好的生物相容性材料。由于具有这种刺激响应性和良好的生物相容性，高分子凝胶在生物医药、智能材料、新型传感器等领域有非常重要的研究价值和应用价值。由于凝胶网孔的可控性，可用于智能药物释放材料；当离子强度、温度、电场和化学物质发生变化时，凝胶的体积也会相应地变化，可用于形状记忆材料、传感材料、软体机器人等领域。但水凝胶的应用受到其制造方法的限制，传统制造方法限制了凝胶的几何复杂性并导致相对较低的分辨率。

利用 3D 打印方法制造新型高分子凝胶是近年来十分活跃的研究课题。新加坡科技设计大学和耶路撒冷希伯来大学合作开发了一种制备高伸缩性（可将其拉伸至 1300%）和可紫外固化水凝胶的方法，可制造出具有高分辨率和高保真度（高达 7μm）的复杂水凝胶 3D 结构，克服了传统制造中几何复杂性有限和加工分辨率较低的缺陷，打印出的可拉伸水凝胶具有出色的生物相容性，可直接用于 3D 打印生物结构和组织。美国加州大学洛杉矶分校的研究团队成功打印出由 GelMA 和 PEDOT：PSS 组成的具有高生物相容性的导电水凝胶，该水凝胶保持了可调力学性能，弹性模量范围为 40～150kPa，并可通过改变 PEDOT：PSS 的浓度调节材料的电导率。耶路撒冷希伯来大学和新加坡南洋理工大学的学者合作开发了一种 3D 打印的柔性智能杂化水凝胶。美国莱斯大学和华盛顿大学的研究团队开发出一种水凝胶 3D 打印技术，可以在几分钟内快速生成有复杂内部结构的生物相容性水凝胶，用来模仿人体气管和血管等脉管系统，为未来人造功能性器官扫除一个重要的技术障碍。

学者们还将水凝胶应用于软体机器人的研究。美国罗格斯大学的研究人员利用 3D 打印技术制造出智能水凝胶机器人，能够抓取物体，并成功在水下行走。新加坡国立大学的学者开发了一种基于水凝胶 3D 打印仿生软体机器人的设计方法。

2.2　3D 打印金属材料

金属材料是一类具有良好导电性、导热性和可塑性的材料。它们通常由金属元素或合金组成，具有高强度、硬度和耐蚀性。金属材料广泛应用于工业制造、建筑、电子、航空航天等领域。金属材料具有良好的物理化学性能和加工性能，不仅在传统机械制造行业获得广泛的应用，在 3D 打印领域也扮演着日益重要的角色。

目前用于3D打印的金属材料包括：不锈钢、钛合金、铝合金、镍合金、铜合金、铁合金等材料。这些材料共同的特点是通常具有较高的强度和硬度，在传统的切削加工中多属于难加工材料，因此非常适合用3D打印技术制造。用于3D打印的金属粉末材料一般要求纯度高，球度好，粒度分布窄，含氧量低。这些金属材料在3D打印中可以通过不同的技术，如选区激光熔化和电子束选区熔化等进行打印。通过3D打印技术，可以实现复杂形状的金属零件的快速制造和定制化生产。

2.2.1 不锈钢

不锈钢是一种常见的金属材料。它由铁、铬、镍和其他合金元素组成，其中铬是最主要的合金元素。不锈钢具有焊接性好、耐化学腐蚀、耐高温和力学性能良好等特性，此外不锈钢还具有良好的卫生性能，不会对食品、药品等物质产生污染。不锈钢粉末成形性好、制备工艺简单且成本低廉，是最早应用于3D打印的金属材料。

不锈钢具有广泛的应用，包括制造业、建筑、食品加工、医疗器械等领域。它在制造领域中常用于制作结构件、承载件、管道、容器等，而在建筑领域中常用于制作门窗、护栏、装饰材料等。此外，不锈钢还广泛应用于食品加工设备、医疗器械、化工设备等领域。

目前，应用于金属3D打印的不锈钢主要有：奥氏体不锈钢316L和304L、马氏体不锈钢15-5PH、马氏体不锈钢17-4PH等。

2.2.2 铝合金

铝合金是一种由铝和其他合金元素（如铜、锌、镁等）制成的合金材料，是轻金属材料之一。铝合金除具有铝的一般特性外，由于添加合金化元素的种类和数量的不同又具有一些合金的具体特性。铝合金密度低，具有较高的比强度和比刚度，有良好的铸造性和塑性，耐蚀性好，抗疲劳性能较高，是一种理想的轻量化材料，在航天航空、交通运输、建筑、机电、轻化和日用品等领域有着广泛的应用。

目前，应用于金属3D打印的铝合金有AlSi12、AlSi10Mg、AlSi7Mg、AlSi9Cu3、6060、6061等。AlSi12是具有良好热性能的轻质金属粉末，可用于航空航天、汽车等领域，适于生产薄壁零件如换热器等。AlSi10Mg具有很高的强度和硬度，适用于薄壁及复杂几何形状的零件，尤其是在要求有良好的热性能和小质量的场合。

2.2.3 钛合金

钛合金是一种由钛和其他合金元素制成的合金材料。钛合金具有强度高而密度又小，力学性能好，韧性和耐蚀性好，生物相容性好等特点，在医疗、航空航天、汽车等领域都发挥着重要作用。钛合金属于典型的难加工材料，钛合金的工艺性能差，切削加工困难，在热加工中，非常容易吸收氢、氧、氮、碳等杂质，从而限制了钛合金的广泛应用。而 3D 打印技术特别适合钛及钛合金的制造。通过 3D 打印技术，可以将钛合金材料制造成复杂形状和结构的零件，同时保持其良好的力学性能。钛合金材料与 3D 打印技术相结合，可以实现更加复杂和精细的设计，满足不同行业的特殊需求。关键的是 3D 打印时处于保护气氛环境中，钛不易与氧、氮等元素发生反应，微区局部的快速加热冷却也限制了合金元素的挥发。

目前 3D 打印钛及钛合金的种类有纯钛、Ti6A14V（TC4）和 Ti6A17Nb，主要用于航空航天零件及人体植入体（如骨骼、牙齿）等领域。图 2-13 所示为钛合金零件。

2.2.4 镍基合金

镍基合金是一类以镍为主要成分的合金材料。镍基合金在 650~1000℃ 高温下仍有较高的强度与抗氧化腐蚀能力，可工作在高温和高应力环境下，具有良好的力学性能、抗氧化和耐热腐蚀性能，是一类发展很快、应用很广的高温合金。3D 打印的镍基合金可用于制备航空发动机中的涡轮盘、涡轮叶片等热端部件，能够提高发动机的稳定性和热效率。钛的质量分数为 50% 的镍基合金，形状记忆效果好，多用于制造航天器结构件、人造心脏马达等。目前研究最成熟的适用于 3D 打印的镍基高温合金包括 Inconel625（IN625）、Inconel718（IN718）及 Inconel 939（IN939）。图 2-14 所示为镍基合金零件。

2.2.5 钴基合金

钴基合金以钴作为主要成分，含有一定量的镍、铬、钨和少量的钼、铌、钽、钛、镧等合金元素。钴基合金具有强度高、耐蚀性强、生物相容性好等特性，最早用于制作人体关节，现在已广泛应用到口腔领域 3D 打印个性化定制的义齿，同时还可用于发动机部件等行业。目前常用的 3D 打印钴基合金有 Co212、Co452、Co502 和 CoCr28Mo6 等。

图 2-13　钛合金零件

图 2-14　镍基合金零件

2.2.6　铜合金

铜合金是以铜为基础元素，并与其他合金元素进行合金化的材料。因为铜具有一定的抗菌性能，对细菌和病毒具有一定的杀灭作用，所以铜合金常用于医疗设备、公共场所的门把手、把手等需要抗菌性能的产品。但是铜合金粉末对激光的反射率较高，吸收率较低，长期被国内外认为是较难打印的材料。近几年，国内外的相关企业已经实现了铜合金的 3D 打印。

目前用作 3D 打印的铜合金有：铜合金粉末、铜基复合材料、铜合金丝材等。

2.2.7　液态金属

用于 3D 打印的液态金属通常由镓和铟两种无毒且能在室温下保持液态的合金构成，这方面的材料包括镓铟合金、镓铟锡合金等。当液态金属暴露在空气中时，材料的表面会硬化，但内部仍然保持液态。由于液态金属可以导电，将有可能利用 3D 打印制作液态金属电路板。2017 年，中国科学院理化技术研究所低温生物与医学实验室提出液态金属悬浮 3D 打印技术。该技术以镓铟液态金属合金为打印材料，采用自固化水凝胶作为支撑材料，打印喷头连续挤出室温液态金属，借助水凝胶材料支撑并固定挤出液态金属的形状，通过逐层堆积打印出具有极其复杂形状和结构的三维柔性金属结构。该技术有望用于柔性三维电子器件、软体机器人组装、材料封装及生物医学等领域。

2.2.8　其他金属

此外，金、银、铌、锆、镁合金等材料都能够进行 3D 打印。

目前不少金属 3D 打印零件材料的致密性、强度已经与锻件基本相当，但难以直接形成符合要求的零件表面，往往还需要进行后续的机械加工。

金属材料是一类重要的工程材料，具有广泛的应用领域。几种常见的金属材料比较见表 2-3。

表 2-3 几种常见的金属材料比较

材料	不锈钢	铝合金	钛合金	铜合金	镍基合金	钴基合金
熔点/℃	1400~1500	600~700	1600~1700	约 1100	约 1300	约 1500
强度	中	高	高	中	高	高
硬度	高	中	中	中	中	高
耐蚀性	优秀	良好	优秀	良好	优秀	良好
共性	这些金属材料，都为合金，都具有较高的熔点，较大的硬度，在恶劣的环境下保持稳定，在各个工业领域发挥着重要作用					

2.3 3D 打印无机非金属材料

无机非金属材料，是以某些元素的氧化物、碳化物、氮化物、卤素化合物、硼化物，以及硅酸盐、铝酸盐、磷酸盐、硼酸盐等物质组成的材料。无机非金属材料的提法是 20 世纪 40 年代以后，随着现代科学技术的发展从传统的硅酸盐材料演变而来的。无机非金属材料是与有机高分子材料和金属材料并列的三大材料之一。

无机非金属材料包括：陶瓷材料、玻璃材料、氧化物材料等。这些材料通常具有较高的熔点和耐高温性能，能够在高温环境下保持稳定性；也具有较高的电阻率和绝缘性能，能够有效阻止电流的流动。

2.3.1 陶瓷材料

陶瓷材料的强度和硬度高，耐热性和耐蚀性好，在生活用品、航空航天、汽车、生物等行业有着广泛的应用。但陶瓷材料硬而脆，加工成形比较困难，特别是复杂陶瓷件需要通过模具来成形，加工成本高，开发周期长，难以满足产品不断更新的需求。而陶瓷 3D 打印可以制备结构复杂、高精度的多功能陶瓷，在建筑、工业、医学、航空航天等领域将会得到广泛的应用。

陶瓷 3D 打印所用的材料有氧化铝、氧化锆、羟基磷灰石（HAP）、磷酸三钙（TCP）、氮化硅、氧化硅等。氧化铝陶瓷是目前应用最为广泛的工业陶瓷，耐受的温度高达1700℃，高温下性能依然良好。氧化锆陶瓷有很高的强度、韧性和耐磨性，被誉为“陶瓷钢”。羟基磷灰石与人体骨骼的成分、结构基本一致，生物活性和相容性好，能与人体骨骼形成很强的化学结合，可用作骨缺损的填充材料。磷酸三钙的组成与羟基磷灰石类似，但是钙磷比更低，在植入人体后材料逐渐被吸收，是一种可降解的生物陶瓷。

行业分析公司SmarTech在发布的市场报告《陶瓷快速成形零件生产：2019—2030年》中估计，陶瓷3D打印将在2025年后迎来一个拐点，到2030年陶瓷3D打印的全球收入将达到48亿美元。2018年3月26日，由清华大学、武汉理工大学、西安交通大学、上海硅酸盐研究所等高校、科研院所和3D打印领域的企业共同发起成立了陶瓷3D打印产业联盟。

2.3.2 玻璃材料

玻璃材料是一种硬而脆的材料，熔点高，折射率高，在建筑、光学、电子等领域有着广泛的应用。正是因为玻璃材料的硬度和脆性，使得其不适合作为3D打印的一种材料。但一些非常有特色的3D玻璃打印技术在不断发展。玻璃3D打印技术，相对于其他材料的3D打印而言还不够成熟，目前已经有一些研究机构和公司开始尝试开发玻璃3D打印的材料和技术。通常使用的材料包括：玻璃粉末和玻璃树脂。

（1）玻璃粉末　细粉末状的玻璃材料可以通过加热和冷却等方式进行熔融和固化，形成3D打印的物体。这种方法可以在低温下实现玻璃的3D打印，但仍需要相应的热处理过程。

（2）玻璃树脂　该材料是一种高分子化合物，具有液态的特性，通过固化过程可以形成玻璃。玻璃树脂可以通过光固化或热固化等方式进行3D打印，然后再进行后续处理使其变为真正的玻璃。

2.4 3D打印复合材料

复合材料是由两种或两种以上的不同类型的材料组合而成的材料，以获得更好的性能和特性，满足不同的应用需求。它与金属材料、高分子聚合物、陶瓷并称为四大材料。不同的材料被组合在一起，目前常见的复合材料包括：碳纤维复合材料、金属复合材料、纳米颗粒强化复合材料等。在3D打印领域，复合材料不断受到关注，这方面的研究日益活跃，从事这方面工作的主要企业包括美国MarkForged公司、美国Impossible Objects公司、美国Arevo Labs公司、美国 Electroimpact 公司、德国 EnvisionTEC 公司等。

在复合材料制备过程中，不同材料之间应具有良好的相容性，以保证打印件的质量和性能。通常需要选择适宜的成分配比和表面处理方法，以改善不同材料之间的黏附性，增强界面结合强度等。

复合材料具有广泛的应用潜力，在制造业、汽车工业、医疗器械等领域都有着重要应用。与传统制造方法相比，复合材料的打印技术具有更灵活、快速、高效的特点，可实现复杂零部件的定制化加工和大规模生产。

2.4.1　碳纤维复合材料

碳纤维复合材料是以碳纤维或碳纤维织物为增强体，以树脂、陶瓷等为基体的复合材料。其中，碳纤维能够承受负载，基体可以结合、保护纤维并将负载传递给增强体。碳纤维由碳元素组成，具有非常高的强度和刚性。与传统材料相比，碳纤维的强度可以达到几倍甚至几十倍以上，同时具有较低的密度。碳纤维复合材料具有许多优点，如高强度、低密度、优良的耐热性和耐蚀性等，是一种极为重要的轻量化材料，在航空航天、汽车、轨道交通、风能设备等行业中有着广泛应用前景。传统工艺制造碳纤维的过程十分复杂且需要大量人力劳动，采用 3D 打印技术无疑会使碳纤维复合材料的制造更为便捷，同时大大减少人工投入。目前，利用 3D 打印技术制备碳纤维增强复合材料是学术界研究的热点，包括碳纤维增强 PLA 材料、碳纤维增强 PA 材料和碳纤维增强 PEEK 材料等。

对于适合 3D 打印的产品或零部件，需要研究如何充分利用 3D 打印的优势对产品结构进行再设计，而不是简单地按照已有的结构进行 3D 打印。面向 3D 打印的再设计可以分为不同的水平：零件结构的再设计、装配结构的再设计、材料级的再设计，以及生产体系和价值链的再设计。

2.4.2　金属复合材料

金属复合材料是由金属基质与其他材料的组合构成的复合材料。金属基质可以是铝合金、钛合金、镁合金等金属，而其他材料可以是陶瓷、纤维增强材料（如碳纤维、玻璃纤维）、颗粒增强材料（如碳纳米管、硅碳化物颗粒）等。

金属复合材料常见的两种结构形式是层叠结构和颗粒增强结构。层叠结构由多个金属和其他材料层叠而成，每层材料可以具有不同的性质和功能。颗粒增强结构是将其他材料的颗粒分散在金属基质中，用于增强材料的硬度、强度和耐磨性。

金属复合材料具有一些优点，如高强度、高刚度、耐高温、耐腐蚀等。金属基质的优势是在承受较大的外力和耐磨损方面表现出色，而其他材料的加入则可以增加材料的轻量化、耐高温性能、耐蚀性等。

金属复合材料的制备方法可以是粉末冶金、扩散连接、浇注法等多种方式，具体取决于材料组合和应用要求。但金属基复合材料还没有实现大规模生产，主要受限于其制备工艺不完善、制造成本高等因素。制备金属复合材料的关键是选择合适的材料配比和制备工艺，以实现所需的性能目标。

金属复合材料相对于传统金属，有着更多更好的优点。结合 3D 打印技术，金属复合材料可以加工出形状复杂的航空发动机零件、制造涡轮叶片、火箭发动机、核反应堆、化石燃料组件及个性化生物植入体等，从而可以进一步满足未来的发展需求。

2.4.3 纳米颗粒强化复合材料

纳米颗粒强化复合材料指的是由基质材料和纳米颗粒组成的复合材料。纳米颗粒的大小通常在 1~100nm 之间，具有高比表面积和特殊的物理和化学性能。将纳米颗粒引入基质材料中，可以增强复合材料的性能，包括力学性能、热力学性能和光学性能等。目前，纳米颗粒强化复合材料已应用于航空航天、汽车、电子器件等多个领域。

通过在 3D 打印过程中添加纳米颗粒，可以实现对打印件性能的精确调控和功能的增强。这为制造高性能和定制化的 3D 打印产品提供了新的可能性。然而，需要注意的是，在使用纳米颗粒强化复合材料进行 3D 打印时，应充分考虑纳米颗粒的分散性、打印参数的优化及材料的安全性等因素，以确保打印件的质量和可靠性。

2.5 3D 打印生物材料

生物打印技术是一种新兴的 3D 打印技术，主要是利用可生物降解的材料或细胞自身生长的能力，通过特殊的 3D 打印机，按照一定的规律和层次，打印出人造组织和器官的一种技术。生物打印技术是一项将生命科学和工程技术相结合的复杂领域，具有广泛的应用前景。

生物打印技术的常用材料包括：生物降解材料、合成聚合物、生物可吸收聚合物、胶原蛋白和明胶等。这些材料在生物打印中需要具有重要的特性，如高可塑性、生物相容性、尺寸稳定性、强度和可降解性等。

生物打印技术使用生物 3D 打印材料构建细胞和组织的立体结构，这项技术可以帮助制造人造肝脏、骨骼和心脏等器官和组织。通过这种方法，生物打印技术可以解决器官移植的一些难题，例如供体需求不足、等待时间过长及排斥反应的问题。此外，这种技术还可以用于制造更适合个体特征的器官，因为生物打印技术可以根据特定的身体结构来制定打印方案和生物打印材料。

参考文献

[1] AAYUSHI P, PRAGYA, JOVITA K, et al. New insights into the applications of 3D-printed biomaterial in wound healing and prosthesis [J]. AAPS PharmSciTech, 2023, 24 (7): 191.

[2] RĂDULESCU B, MIHALACHE A M, PĂDURARU E, et al. Tensile behavior of chain links made of polymeric materials manufactured by 3D printing. [J]. Polymers, 2023, 15 (15): 3178.

[3] UÇAK N, ÇIÇEK A, ASLANTAS K. Machinability of 3D printed metallic materials fabricated by selective laser melting and electron beam melting: A review [J]. Journal of Manufacturing Processes, 2022, 80: 414-457.

[4] LI Z, WANG Q. Recent patents on 3D printing technology in artificial bone printing devices, materials, and related applications [J]. Recent Patents on Engineering, 2022, 17 (5): 24-35.

[5] STRATASYS. FDM 材料 [EB/OL]. [2023-12-8]. https://www.stratasys-china.com/resources.

[6] SPENCER A R, SHIRZAEI S E, SOUCY J R, et al. Bioprinting of a cell-laden conductive hydrogel composite [J]. ACS applied materials & interfaces, 2019, 11 (34): 30518-30533.

[7] GRIGORYAN B, PAULSEN S J, CORBETT D C, et al. Multivascular networks and functional intravascular topologies within biocompatible hydrogels [J]. Science, 2019, 364 (6439): 458-464.

[8] WANG J, LU T, YANG M, et al. Hydrogel 3D printing with the capacitor edge effect [J]. Science advances, 2019, 5 (3): eaau8769.

[9] CHENG Y, CHAN K H, WANG X Q, et al. Direct-ink-write 3D printing of hydrogels into biomimetic soft robots [J]. ACS Nano, 2019, 13 (11): 13176-13184.

[10] ZHANG B, LI S, HINGORANI H, et al. Highly stretchable hydrogels for UV curing based high-resolution multimaterial 3D printing [J]. Journal of Materials Chemistry, 2018, 6 (20): 3246-3253.

[11] HAN D, FARINO C, YANG C, et al. Soft robotic manipulation and locomotion with a 3d printed electroactive hydrogel [J]. ACS applied materials & interfaces, 2018, 10 (21): 17512-17518.

[12] 宋波，文世峰，魏青松，等. 金属基复合材料 3D 打印技术 [M]. 武汉：华中科技大学

出版社，2022.
[13] 史玉升，闫春泽，周燕，等. 3D 打印材料 [M]. 武汉：华中科技大学出版社，2022.
[14] 汤慧萍，林鑫，常辉. 3D 打印金属材料 [M]. 北京：化学工业出版社，2020.
[15] 鲁浩，李楠，王海波，等. 碳纳米管复合材料的 3D 打印技术研究进展 [J]. 材料工程，2019，47 (11)：19-31.
[16] 王志永，赵宇辉，赵吉宾，等. 陶瓷增材制造的研究现状与发展趋势 [J]. 真空，2020，57 (1)：67-75.
[17] 闫春泽，郎美东，连芩，等. 3D 打印聚合物材料 [M]. 北京：化学工业出版社，2020.
[18] 杜宇雷. 3D 打印材料 [M]. 北京：化学工业出版社，2020.
[19] 陈晓明. 高分子复合材料 3D 打印及应用 [M]. 北京：中国建筑工业出版社，2020.
[20] 明越科，段玉岗，王奔，等. 高性能纤维增强树脂基复合材料 3D 打印 [J]. 航空制造技术，2019，62 (4)：34-38.

第3章 常见的3D打印工艺

3D打印是一种综合了材料、机械和计算机等多学科知识的先进制造技术，具体工艺很多。常见的3D打印工艺主要包括立体光固化成形、熔融沉积成形、三维印刷、叠层实体制造、选区激光烧结和多射流熔融等。每种工艺技术都有其特定的应用范围，大多数工艺可用于模型制造，部分工艺可用于直接制造高性能塑料和非金属零部件，以及受损部位的修复。

3.1 立体光固化成形

所谓立体光固化成形（stereo lithography appearance，SLA），是指通过光致聚合作用选择性地固化液态光敏聚合物的增材制造工艺。该工艺使用液态的光敏树脂作为原材料，光敏树脂在光源照射下发生化学反应后固化。

3.1.1 立体光固化成形的发展历程

立体光固化成形技术，又称立体光刻技术或光敏液相固化法，是一种通过激光逐层聚焦到光敏材料表面，使其由点到线，由线到面逐渐凝固，从而构成三维实体的先进制造技术。这项技术最早在20世纪70年代末到80年代初期由美国3M公司的Alan J. Hebert、日本的小玉秀男、美国UVP公司的查尔斯·赫尔（Charles Hull）和日本的丸谷洋二提出。其中，查尔斯·赫尔于1984年发明了立体光固化成形技术，于1986年创立了3D Systems公司，并于1988年推出了3D打印机SLA-250。1990年，德国EOS公司推出了他们的首套立体光固化成形设备，并于1997年将该业务出售给了3D Systems公司。此外，2001年，日本德岛大学还开发出了基于飞秒激光的立体光固化成形技术，实现了微米级复杂三维结构的增材制造。

进入 21 世纪后，立体光固化成形技术的发展速度有所减缓。目前，立体光固化成形技术主要应用于两个方面：一方面是用于短周期、低成本产品验证，例如消费电子、计算机相关产品和玩具手办等；另一方面是用于制造复杂树脂结构件，例如航空航天、汽车复杂零部件、珠宝和医学零件等。然而，高昂的设备价格一直是制约立体光固化成形技术发展的一个因素。

在技术创新方面，2011 年 6 月，奥地利维也纳技术大学的 Markus Hatzenbichler 和 Klaus Stadlmann 研制出了世界上最小的立体光固化成形打印机，仅有牛奶盒大小，质量约为 3.3lb（约 1.5kg）。2012 年 9 月，美国 Formlabs 公司研发出一款新型立体光固化成形打印机——FORM 1，可以制作打印层厚度仅为 25μm 的物体，这在当时是精度最高的增材制造方法之一，售价约为 2500 美元。2016 年 4 月，意大利 Solido 3D 公司开发了一款基于手机 LED 屏幕的 DLP 光固化打印机，成形尺寸为 7.6cm×12.7cm×5cm，成形精度可达 0.042mm。该产品使用手机 LED 屏幕取代传统 DLP 打印机所需的投影仪，从而大幅降低了设备成本。

在国内方面，西安交通大学自 20 世纪 90 年代初开始就致力于立体光固化成形技术研发，并成功实现了产业化生产和销售。另外，上海联泰科技有限公司专门从事立体光固化成形设备的生产和销售。

3.1.2 立体光固化成形的工艺原理及流程

1. 工艺原理

立体光固化成形工艺以光敏树脂作为材料，在计算机的控制下紫外激光对液态的光敏树脂进行扫描，从而让其逐层凝固成形。该工艺能以简洁且全自动的方式制造出精度极高的几何立体模型。图 3-1 所示为立体光固化成形的工艺原理。

液槽中会先盛满液态的光敏树脂，激光束从激光器发出，经过光学元件的反射和折射，最终投射到液态光固化树脂表面。计算机程序控制振镜的偏摆，使激光束能够沿 x、y 轴平面做扫描移动，将三维模型的断面形状扫描到光固化树脂上，扫描区域的树脂薄层产生聚合反应而固化，从而形成工件的一个薄层。

当一层树脂固化完毕后，工作台将下移一个层厚（即分层厚度）的距离，以使在原先固化好的树脂表面上再覆盖一层新的液态树脂。刮板将黏度较大的树脂液面刮平，然后再进行下一层的激光扫描固化。因为液态树脂具有高黏性而导致流动性较差，在每层固化之后液面很难在短时间内迅速抚平，这样将会

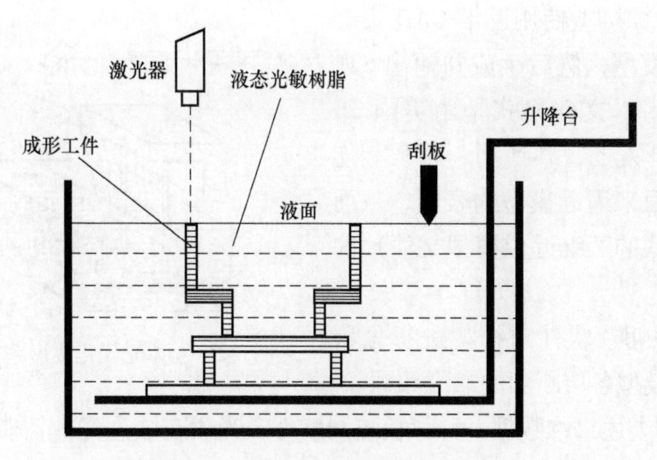

图 3-1 立体光固化成形的工艺原理

影响到实体的成形精度。采用刮板刮平后所需要的液态树脂将会均匀地涂在上一叠层上，这样经过激光固化后将可以得到较好的精度，也能使成形工件的表面更加光滑平整。

新固化的一层将牢固地黏结在前一层上，如此重复直至整个工件层叠完毕，这样最后就能得到一个完整的立体模型。当工件完全成形后，首先把工件取出并把多余的树脂清理干净，接着把支撑结构清除掉，最后把工件放到紫外灯下进行二次固化。

2. 工艺流程

立体光固化成形系统由液槽、可升降工作台、激光器、扫描系统和计算机控制系统等组成。液槽中充满液态光敏树脂，工作台可以在 z 轴方向上进行往复运动。工作台上有许多小孔，使液体可以自由通过。光源通常为紫外激光器，常用的是氦镉激光器和固态激光器，近年来也采用半导体激光器。激光器的功率一般为 10~200W。扫描系统由定位镜和振镜组成，振镜按照控制系统的指令进行往复转摆，将激光束反射并聚焦在液态树脂表面，实现 x—y 平面的扫描运动。在被紫外光束照射的部位，液态光敏树脂在光能的作用下迅速固化，形成一层固态截面轮廓。

图 3-2 所示为立体光固化成形系统的组成。其光路系统和扫描照射系统具有多种形式，常用的光源是波长为 325~355nm 的紫外光，常见的设备有紫外灯、He-CO 激光器、亚离子激光器、YAG 激光器和 YVO_4 激光器。振镜扫描系统是目前最常用的辐照方式。

立体光固化成形的工艺流程如图 3-3 所示。

1）在计算机上使用三维 CAD 设计产品的实体模型，然后生成并输出 STL 文件格式（STL 文件格式是由美国 3D System 公司开发的，它使用一系列相连的小三角平面来逼近模型的表面，从而得到 STL 格式的三维近似模型文件）的模型。

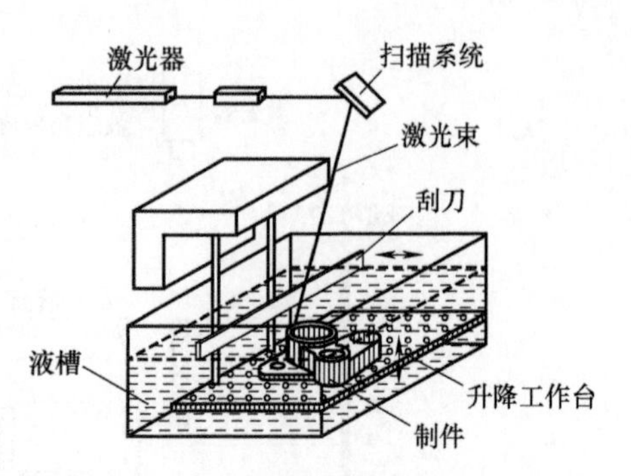

图 3-2　立体光固化成形系统的组成

2）使用切片软件对模型进行分层切片，得到模型各层断面的二维数据。

3）根据上述二维数据，计算机控制紫外激光束在液态光敏树脂表面逐层扫描出各断面形状，通过逐层固化、黏结，直到形成最后一层，最终得到一个立体的实体原型。

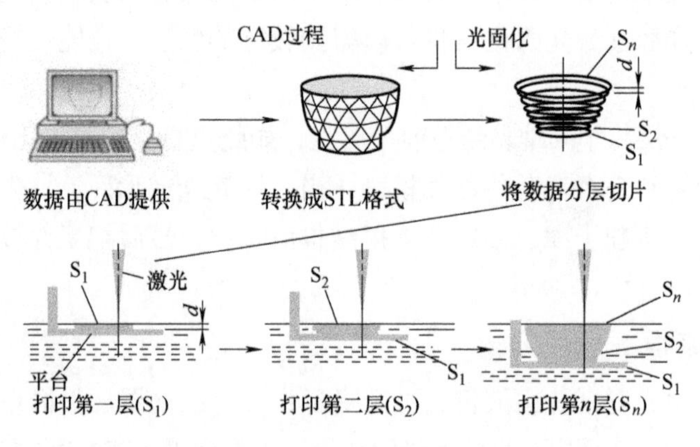

图 3-3　立体光固化成形的工艺流程

注：d 为层厚。

3.1.3　立体光固化成形的材料

立体光固化成形技术的原材料是液态光敏树脂，常用的液态光敏树脂材料主要有以下一些系列：3D Systems 公司的 Accura 系列、Vantico 公司的 SL 系列、Ciba 公司的 CibatoolSL 系列、DSM 公司的 Somos 系列、Zeneca 公司的 Stereocol 系列、RPC 公司的 RPCure 系列等。

在液态光敏树脂中加入纳米陶瓷粉末、短纤维等成分构成复合材料，可改变材料的强度、耐热性能等，从而利用立体光固化成形方法实现陶瓷材料、纤维复合材料的打印。

3.1.4　立体光固化成形的设备

目前，3D Systems 公司仍然是美国立体光固化成形设备制造商中的领导者。除了美国，日本、德国和中国也有一些企业从事立体光固化成形设备的生产和销售。

立体光固化成形设备的组成如图 3-4 所示。

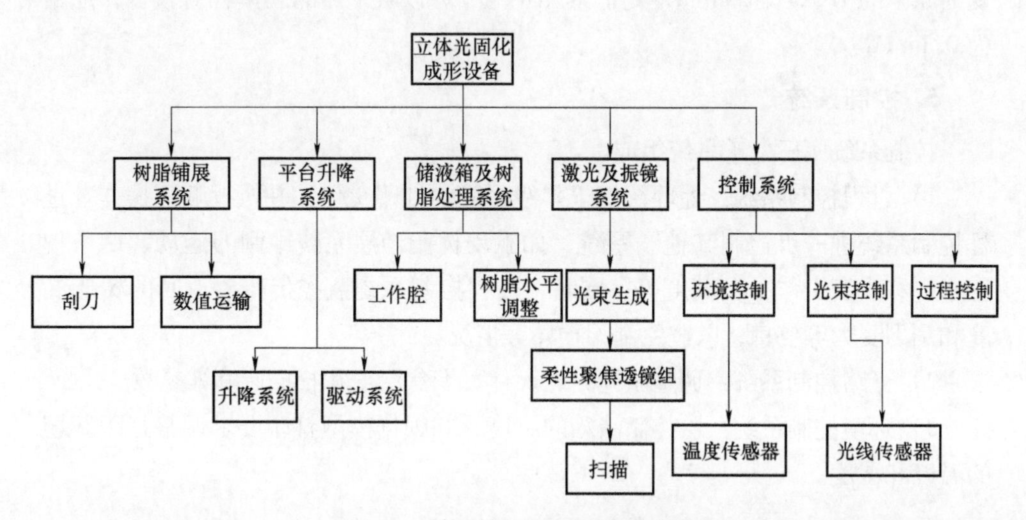

图 3-4　立体光固化成形设备的组成

1. 树脂铺展系统

树脂铺展系统通过一个带有较小倾角的刮刀对光敏树脂进行铺展。铺展过程是立体光固化成形技术中的核心步骤，具体流程如下：

1）当一层光敏树脂固化后，工作平台向下下降一个层厚。

2）铺展系统的刮刀从整个打印件上方经过，将光敏树脂在工作平面上铺平。刮刀与工作平面之间的间隙是避免刮刀碰撞打印零件并破坏上一固化层的重要参数。

2. 平台升降系统

平台升降系统由工作平台和控制装置组成，用于支撑零件成形。它采用丝杆传动结构，能够精确控制平台的升降。

3. 储液箱及树脂处理系统

储液箱及树脂处理系统结构简单，主要包括容器（用于盛装光敏树脂）、工作平台调平装置和自动装料装置。

4. 激光及振镜系统

激光及振镜系统是立体光固化成形设备的重要组成部分。它包括固态激光器、聚焦光路、自适应光路和高速振镜，用于形成扫描路径。相比以前的气态激光器，固态激光器具有更稳定的性能。美国 3D Systems 公司使用的激光器为 Nd-YVO_4 激光，波长约为 1062nm。通过添加额外的光路系统，将激光器的波长变为原来的 1/3，即 354nm，处于紫外光范围。该激光器的功率相对较低，通常为 0.1~1W。

5. 控制系统

控制系统由三个子系统组成。

1）过程控制系统：处理待打印零件生成的打印文件，并执行顺序操作。过程控制系统进一步控制其他子系统，如驱动树脂铺展系统中刮刀运动、调节树脂水平和改变工作平台高度等；同时，过程控制系统监控传感器返回的树脂高度和刮刀受力等信息，以避免刮刀损坏等情况。

2）光路控制系统：调整激光光斑尺寸、聚焦深度和扫描速度等参数。

3）环境控制系统：监控储液箱的温度，并根据模型打印要求调整打印环境的温度和湿度。

3.1.5 立体光固化成形的优缺点

立体光固化成形的优点如下：

1）高精度。立体光固化成形工艺能够实现非常高的精度和细节，适用于制造复杂的几何形状和微小尺寸的零件。

2）快速制造。立体光固化成形工艺具有较快的制造速度，可在短时间内制造出高质量的零件。

3）平滑的表面质量。由于光固化过程中的液态树脂能够流平和固化，所以立体光固化成形制造的零件通常具有平滑的表面质量。

4）可制造复杂结构。立体光固化成形工艺可以制造出具有复杂内部结构和空洞的零件，适用于功能性零件和原型制造。

5）材料选择多样性。立体光固化成形工艺可使用多种类型的树脂材料，包括透明、柔软、耐热、耐化学品等特殊性能的树脂材料。

立体光固化成形的缺点如下：

1）可使用的材料种类少。目前可使用的材料主要是液态光敏树脂，液态树脂固化后较脆，而且强度、刚度、耐热性不好，不利于长时间保存。

2）与熔融沉积成形相比，立体光固化成形技术造价较高，使用和维护成本高。

3）液态树脂具有气味和毒性，并且需要避光保存，以防止其提前发生聚合反应，选择时有局限性。

4）制件需要二次固化。在激光扫描过程中尽管树脂已经发生聚合反应，但只是完成部分聚合作用，零件中还有部分液态的残余树脂未完全固化，需要二次固化，导致后处理过程相对烦琐。

3.1.6　立体光固化成形的精度分析

影响立体光固化成形精度的因素很多：前期数据处理过程产生的误差；光固化成形过程中机器设备本身存在的误差，激光扫描方式相关的误差，以及光敏树脂的固化收缩特性引起的误差等；成形后处理过程产生的误差。

立体光固化成形过程中，液态光敏树脂在固化过程中会发生体积收缩。收缩使工件内产生内应力，沿层厚从正在固化的层表面向下，随固化程度不同，层内应力呈梯度分布。在层与层之间，新固化层收缩时要受到已固化层的限制。层内应力和层间应力的联合作用使工件产生翘曲变形，影响成形精度。固化层越厚，则固化的体积越大，层间的应力越大。

立体光固化成形过程的扫描方式与成形工件的内应力有密切的关系。合适的扫描方式可减少零件的收缩量，避免翘曲和扭曲变形，提高成形精度。在光固化成形过程中所用的是具有一定直径的光斑，实际得到的形状是光斑运动路径上一系列固化点的包络线。如果光斑直径较大，则会丢失较小尺寸的零件特征。比如在进行轮廓拐角扫描时，拐角特征很难成形出来，如图3-5所示。因此，聚焦到液面的光斑直径大小及光斑形状会直接影响光固化成形的精度。

在立体光固化成形的后处理中，要去除支撑并进行二次固化，这些过程都会产生误差，影响工件的加工精度。

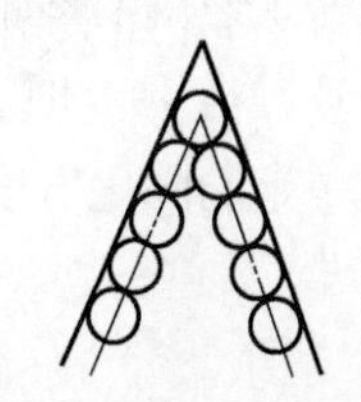

图3-5　轮廓拐角处的扫描

立体光固化成形过程中，树脂的固化尺寸与加工精度密切相关。光固化成形过程中，激光束的能量分布通常符合高斯分布。沿着光束轴线 z 方向，光敏树脂对激光的吸收服从Beer-Lanbert定律，即激光强度 $I(x,y,z)$ 沿照射深度成负指数衰减，

$$I(x,y,z)=\left(\frac{2P}{\pi\omega_0^2}\right)e^{-\frac{2r^2}{\omega_0^2}}e^{-\frac{z}{D_p}} \tag{3-1}$$

式中，P 是激光功率；ω_0 是光斑特征半径，即激光束光强度值 $1/e^2$（约 13.5%）处的半径；r 是与光束中心（x_0,y_0）的距离，即 $r=\sqrt{(x-x_0)^2+(y-y_0)^2}$；$D_p$是光在树脂中的透射深度。

立体光固化成形过程中，当激光束在垂直于光束轴线 z 的 x—y 平面内沿 x 轴方向以速度 v 扫描光敏树脂时，根据树脂各部分的光强度 $I(x-vt,y,z)$ 可以进一步计算出相应位置的曝光量 $E(x,y,z)$，即

$$\begin{aligned}E(x,y,z) &= \int_{-\infty}^{+\infty} I(x-vt,y,z)\,\mathrm{d}t \\ &= \int_{-\infty}^{+\infty}\left(\frac{2P}{\pi\omega_0^2}\right)\mathrm{e}^{-\frac{2v^2t^2+2y^2}{\omega_0^2}}\mathrm{e}^{-\frac{z}{D_p}}\mathrm{d}t \\ &= \left(\frac{2P}{\pi\omega_0^2}\right)\mathrm{e}^{-\frac{z}{D_p}}\int_{-\infty}^{+\infty}\mathrm{e}^{-\frac{2v^2t^2+2y^2}{\omega_0^2}}\mathrm{d}t \\ &= \left(\frac{2P}{\pi\omega_0^2}\right)\mathrm{e}^{-\frac{2y^2}{\omega_0^2}}\mathrm{e}^{-\frac{z}{D_p}}\int_{-\infty}^{+\infty}\mathrm{e}^{-\frac{2v^2t^2}{\omega_0^2}}\mathrm{d}t \\ &= \sqrt{\frac{2}{\pi}}\left(\frac{P}{\omega_0 v}\right)\mathrm{e}^{-\frac{2y^2}{\omega_0^2}}\mathrm{e}^{-\frac{z}{D_p}}\end{aligned} \tag{3-2}$$

在式（3-2）的计算过程中，需要用到高斯积分公式，即 $\int_{-\infty}^{+\infty}\mathrm{e}^{-x^2}\mathrm{d}x=\sqrt{\pi}$。

当液态树脂的曝光量达到临界曝光量 E_c，即 $E(x,y,z)=E_c$时，液态树脂开始发生聚合反应并固化。此时根据式（3-2）可得

$$\frac{2y^2}{\omega_0^2}+\frac{z}{D_p}=\ln\left(\sqrt{\frac{2}{\pi}}\frac{P}{\omega_0 vE_c}\right) \tag{3-3}$$

式（3-3）是抛物线方程，表明光固化过程得到抛物线圆柱体的形状。当激光束以一定速度沿 x 轴方向扫描后，光固化过程得到的形状如图 3-6 所示。根据式（3-3），当 $y=0$ 时，计算出的 z 值就是固化深度 C_d；当 $z=0$ 时，计算出的 y 值就是一半的固化宽度 L_w。

$$C_d=D_p\ln\left(\sqrt{\frac{2}{\pi}}\frac{P}{\omega_0 vE_c}\right) \tag{3-4}$$

$$L_w=2\omega_0\sqrt{\frac{\ln\left(\sqrt{\frac{2}{\pi}}\frac{P}{\omega_0 vE_c}\right)}{2}}=2\omega_0\sqrt{\frac{C_d}{2D_p}} \tag{3-5}$$

式（3-4）和式（3-5）表明，固化深度和固化宽度受到激光特性、树脂特性及加工参数等多种因素的影响。

3.1.7　立体光固化成形的应用

目前，立体光固化成形主要应用于以下领域：新产品的开发设计验证、市场预测、航空航天、汽车制造、电子电信、民用器具、玩具、工程测试（如应力分析、风道等）、装配测试、模具制造、医学、生物制造工程和美学等。

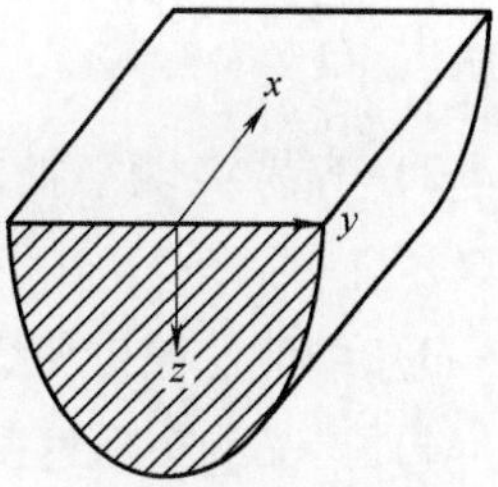

图 3-6　光敏树脂固化后生成的抛物线形状

1. 生物制造工程和医学中的应用

生物制造工程是运用现代制造科学与生命科学相结合的原理和方法，通过单个细胞或细胞团簇的直接或间接受控组装，完成具有新陈代谢特征的生命体成形和制造。增材制造技术以其离散-堆积的原理，为制造科学与生命科学的交叉提供了重要的手段。在外科手术辅助方面，增材制造技术的应用具有重要意义。

采用立体光固化成形技术打印的牙齿模型、耳朵模型如图 3-7、图 3-8 所示。

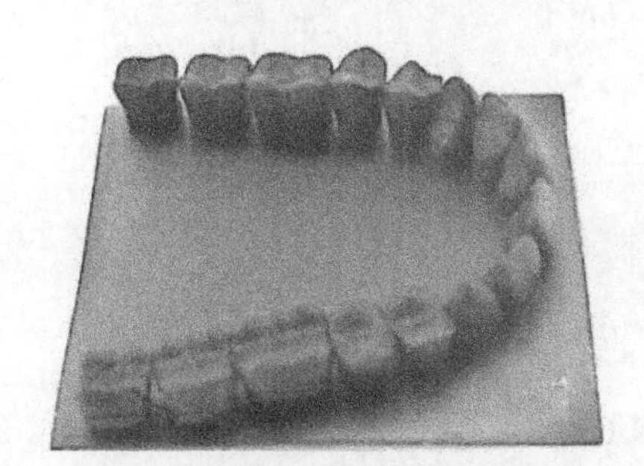

图 3-7　采用立体光固化成形技术打印的牙齿模型

图 3-8　采用立体光固化成形技术打印的耳朵模型

2. 珠宝首饰中的应用

首饰制造业通常采用手工方式制作原模，这种方法存在人力成本高、生产周期长等问题。此外，手工绘制的首饰设计图并没有在所有部分标注精确的尺寸，因此很多细节需要起版师傅依靠个人经验，根据设计图进行实际版样的制作，这必然会导致主观误差的存在。然而，通过立体光固化成形技术，可以顺利解决上述问题。因此，目前在珠宝首饰领域，立体光固化成形技术越来越受到重视。

图 3-9 所示为某公司采用立体光固化成形技术打印出来的戒指模型。与传统手工工艺相比，采用立体光固化成形技术打印珠宝首饰具有如下优势：

1）首饰的外形复杂度不再受工艺水平的限制，完全可以根据设计者的灵感来设计。

2）容易实现小批量个性化生产，因此可以根据消费者的需求来定制化生产。

3）细节处理更加细致精良，因此首饰会更具有艺术美感。

4）产品的更新速度大大提高，提升了公司的市场竞争力。

图 3-9　采用立体光固化成形技术打印的戒指模型

3.1.8　立体光固化成形的发展趋势

立体光固化成形技术在未来的发展中有以下几个趋势：

（1）选择的材料增多　随着立体光固化成形技术的发展，新的光敏树脂材料将不断涌现。这些新材料将具有更多的特性和应用领域，例如高温耐受、耐化学腐蚀等，以满足不同行业的需求。

（2）更高的打印速度　目前立体光固化成形技术的打印速度较慢，限制了其在大规模生产中的应用。未来，随着技术的进步和设备的改进，预计其打印速度将大幅提高，从而使其更具竞争力。

（3）更高的分辨率和精度　随着光学技术的不断进步，立体光固化成形技术的分辨率和精度将不断提高。这将使得打印出的模型更加细腻和精确，适用于更多的应用领域。

（4）自动化和智能化　未来的立体光固化成形打印设备将更加智能化，具备自动化的功能。例如，自动校准、自动清洗、自动材料更换等功能将减少人工干预，提高生产率。

（5）多材料和多功能打印　立体光固化成形技术将不断发展，以支持多种不同材料的打印。这将使得打印出的模型具备更多的功能和特性，如导电性、磁性等，从而扩展其应用领域。

总的来说，立体光固化成形技术在未来将继续发展，不断提升打印速度、分辨率和精度，拓展材料选择和功能，实现更高的自动化和智能化水平，以满足不断增长的市场需求。

3.2　熔融沉积成形

熔融沉积成形（fused deposition modeling，FDM）技术是一种快速制造技术，也称为熔融挤出成形。它的原理是利用热熔挤出头将熔融材料层层堆积，逐渐构建出三维物体。其原理简单，操作方便，维护成本低，因此在产品设计、测试与评估等领域得到了广泛应用。

3.2.1　熔融沉积成形的发展历程

熔融沉积成形技术最早由美国学者斯科特·克伦普（Scott Crump）博士于1988年提出，并于1989年成立了Stratasys公司。随后，Stratasys公司成为熔融沉积成形技术的主要开发和推广者。该公司陆续推出一系列基于熔融沉积成形工艺的增材制造设备，如FDM1000和FDM-Quantum。这些设备采用热熔挤出头技术，可以独立控制填充材料和支撑材料的喷头，提高了成形速度和成形体积。

在国内，清华大学激光快速成形中心和北京殷华激光快速成形与模具技术有限公司也进行了熔融沉积成形工艺成形设备的研制工作。他们开发了一种名为Medtiss的增材制造设备，用于人体组织工程支架的制造。该设备基于低温冷冻成形（LDM）工艺，具有高孔隙率和贯通性好的特点，适用于成形PLL、PLGA、PU等高分子材料。

此外，四川大学和华中科技大学研究开发了螺杆式双喷头的熔融沉积成形设备，可以成形粒状或粉状材料，扩大了成形原料的使用范围。

近年来，桌面级熔融沉积成形设备得到了快速发展。这些设备价格合理，被广泛应用于教育和企业领域。其中，美国MakerBot公司的MakerBot Replicator

系列、美国 3D Systems 公司的 Cube 系列及开源打印机 RepRap 系列是最具代表性的桌面级熔融沉积成形设备品牌。

在熔融沉积成形技术中，常用的熔丝材料包括 ABS、PLA、人造橡胶、铸蜡和聚酯热塑性材料。此外，还有一种金属-塑料复合材料丝和水溶性支撑材料的开发，解决了成形中复杂结构和支撑材料去除的难题。熔融沉积成形技术在快速制造领域有着广泛的应用前景，不断的研发和创新将进一步推动其发展。

3.2.2 熔融沉积成形的工艺原理及流程

1. 工艺原理

熔融沉积成形工艺原理是加热和熔化丝状热熔性材料，然后通过微细喷嘴挤出成形。热熔性原料丝的直径通常为 1.75mm，而喷嘴直径只有 0.2~0.6mm，这保证了喷头内有一定的压力，使熔化的原料以与喷头扫描速度相匹配的速度挤出并成形。熔融的材料在离开喷嘴后与前一层材料黏结在一起。每当一层材料沉积完成后，工作台下降一个层厚，然后继续熔喷沉积下一层，如此循环逐层沉积，直至形成所需的实体模型。

在熔融沉积成形过程中，每一层都是在前一层的基础上堆积而成，前一层起着定位和支撑的作用。随着高度的增加，各层轮廓的面积和形状会发生变化。当形状发生较大变化时，前一层的轮廓就无法为当前层提供足够的定位和支撑，因此需要制作支撑结构来保证成形过程的顺利进行。为了方便制作支撑结构，一些新型的熔融沉积成形设备采用了双喷头打印技术。其中一个喷头用于打印模型材料，另一个喷头用于打印支撑材料。双喷头打印不仅具有较高的沉积效率，还可以灵活选择具有特殊性能的支撑材料，例如水溶性支撑材料或低于模型材料熔点的热熔材料，以便在后处理过程中去除支撑材料。

图 3-10 所示为双喷头熔融沉积成形的工艺原理。这种技术不仅提高了沉积效率，还增加了支撑材料的选择性，使得支撑结构的制作和去除更加便捷。

2. 工艺流程

熔融沉积成形的工艺过程可以分为前处理、原型制作和后处理三个阶段。

（1）前处理　在前处理阶段，需要进行以下几个方面的工作。

1）设计 CAD 三维模型。设计人员根据产品要求，利用计算机辅助设计软件创建三维模型，这是制作增材制造原型的初始数据。CAD 模型的三维造型可以使用各种软件实现，如 Pro/E、Solidworks、AutoCAD、UG 和 Catia 等，也可以通过逆向造型方法获取三维模型。

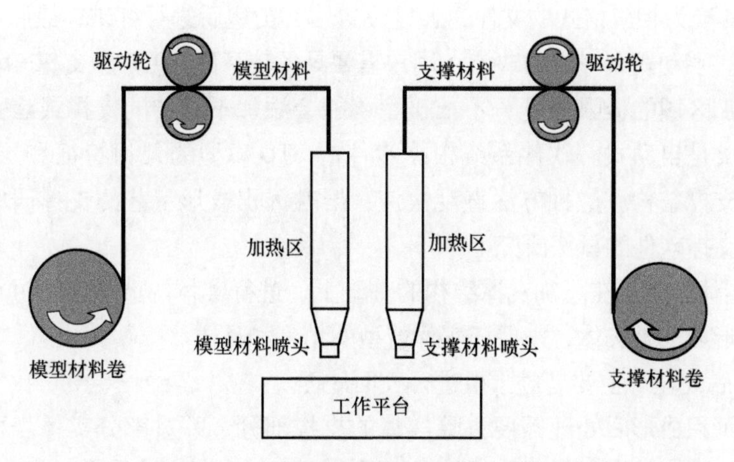

图 3-10　双喷头熔融沉积成形的工艺原理

2）进行 CAD 模型的近似处理。对于一些具有不规则曲面的产品，在加工之前需要对这些曲面进行近似处理，主要是生成 STL 格式的数据文件。

3）需要确定原型的摆放方位。将 STL 文件导入熔融沉积成形打印机的数据处理系统后，需要确定原型在机器中的摆放方位。正确的摆放方位对于制件的时间、效率，以及后续支撑施加和原型表面质量都有重要影响。一般情况下，为了保证原型的表面质量，应将对表面质量要求较高的部分置于上表面或水平面。为了减少成形时间，应选择尺寸较小的方向作为叠层方向。

4）需要对放置好的原型进行切片分层。这一步骤会自动生成辅助支撑和原型堆积的基准面，并将生成的数据存放在 STL 文件中。

5）根据需要选择适合的材料进行成形。

（2）原型制作　分为支撑结构的制作和实体制作。

1）支撑结构的制作。在 3D 打印过程中，如果喷头喷丝的当前位置位于下一层的外侧或缝隙处，会导致熔融丝在当前位置失去支撑力，从而造成塌陷现象，使整个打印过程失败。为了解决这个问题，需要在出现这种情况的地方添加支撑结构。

设计支撑结构时，需要遵循以下基本原则：①支撑结构必须稳定，以确保支撑本身和上层物体不发生塌陷。②支撑结构的设计应尽可能节约材料，以降低打印成本并提高效率。③可以适当改变物体表面和支撑接触面的形状，使支撑更容易剥离。

支撑结构的生成方式可以分为以下两类：一类是手动式。在设计物体的三维 CAD 模型时，需要人工判断支撑的位置和类型；将带有支撑结构的物体的

STL 文件转换为相应格式的文件，通过设置填充类型后进行打印；最后需要将支撑剥离掉。手动式有一定的缺点：用户需要具备较高的 3D 打印支撑知识；对于一些待添加区域的极限值计算不准确，可能会添加不必要的支撑或者少添加支撑。另一类是自动式。软件系统根据零件的 STL 模型的几何特征和层片信息，自动生成支撑结构。这种方法直观快速，熔融沉积成形工艺的支撑研究主要集中在自动支撑软件的算法研究上。

2）实体制作。在添加支撑结构的基础上，进行实体的造型。通过逐层叠加的方式，形成三维实体，以保证实体造型的精度和品质。

（3）后处理　主要是对原型进行表面处理。

熔融沉积成形后处理需要去除实体的支撑部分，并对部分实体表面进行处理，以满足原型精度和表面粗糙度的要求。然而，原型的复杂部分和细微结构的支撑很难去除，在处理过程中可能会损坏原型表面，从而影响原型的表面品质。为解决这个问题，美国 Stratasys 公司在 1999 年开发出了水溶性支撑材料，有效地解决了这个难题。目前，我国自行研发的熔融沉积成形工艺尚未实现这一功能，原型的后处理仍然是一个较为复杂的过程。

3.2.3　熔融沉积成形的材料

熔融沉积成形技术使用的材料可分为两类：成形材料和支撑材料。

（1）成形材料　熔融沉积成形工艺要求成形材料具有低熔融温度、低黏度、良好的黏结性和小的收缩率。常见的成形材料主要是热塑性丝状材料，如 ABS、PLA、PC、PC-ABS、PC-ISO、特种石蜡材料等。这些材料可用于制造塑料件和铸造用蜡模等。

（2）支撑材料　熔融沉积成形工艺要求支撑材料能够承受高温，与成形材料不相溶，具有水溶性或酸溶性，熔融温度较低且具有良好的流动性。支撑材料分为两类：一类是需要手工剥离的剥离性支撑材料，另一类是不需要手工剥离的水溶性支撑材料。水溶性支撑材料可溶解于酸性或碱性水溶液，在剥离过程中不需要机械去除，能够有效保护工件，特别适用于空心或具有微细特征的零件。

目前，可用于熔融沉积成形工艺的水溶性支撑材料主要有两类：

一类是聚乙烯醇（PVA）。PVA 具有良好的水溶性，是一种广泛应用的水溶性高分子材料，但需要改性以提高熔融加工性能和水溶性能。改性方法包括共混改性、共聚改性、后反应改性，以及控制聚合度和醇解度。

另一类是丙烯酸类共聚物（AA）。不同相对分子质量的共聚物在水溶性、强度、硬度和附着力等性能上有很大差异。丙烯酸和甲基丙烯酸易于与其他单体共聚，可以根据用户需求设计出符合所需性能的产品。美国 Stratasys 公司在熔融沉积成形材料和设备方面处于世界领先地位，推出了多种适用于熔融沉积成形技术的水溶性支撑材料，如 SR-30、SR-100、SR-110、ST-130 等。

3.2.4　熔融沉积成形的设备

典型的熔融沉积成形设备制造商包括美国 Stratasys 公司、Makerbot 公司、Markforged 公司，荷兰 UltiMaker 公司，以及国内的北京太尔时代科技有限公司、杭州先临三维科技股份有限公司、浙江闪铸三维科技有限公司、深圳三迪思维科技有限公司、珠海西通电子有限公司等。

熔融沉积成形设备一般包含以下几个主要组成部分：

1. 打印头

打印头（或称挤出头）是熔融沉积成形设备中非常关键的组件，负责熔化塑料丝材料并将其准确挤出。打印头包含加热元件用来熔化材料，以及一个或多个喷嘴，用来控制熔融材料的流动。

2. 材料输送系统

这个系统负责将塑料材料以丝状形式从卷筒中持续且稳定地送往打印头。材料输送系统通常包含电动机、齿轮等，用以推动和控制材料的输送速度和压力。

3. 打印平台

打印平台是模型构建的地方。平台须保持稳定，并且能够在 z 轴方向上移动（在一些打印机中，打印头在 z 轴移动），以便在每一层打印完成后下移，为下一层的打印让出空间。

4. 运动系统

熔融沉积成形设备依赖精确的运动系统来控制打印头（和/或打印平台）在 x、y 和 z 轴上的移动。运动系统通常包括电动机、传动带、滑轨、丝杆等，以确保精确控制打印头的位置。

5. 控制系统

控制系统包括硬件（通常是嵌入式微控制器或单板计算机）和软件。软件负责解析打印指令（通常是 G-code），然后控制打印机的运动和温度等参数，以便准确地构建模型。

6. 加热元件

熔融沉积成形打印机通常包含打印头加热元件和打印平台加热元件。打印头加热元件用于熔化打印材料，而打印平台加热元件有助于第一层更好地黏附，防止模型扭曲。

7. 冷却系统

随着材料的挤出和沉积，需要通过冷却系统（如风扇）来快速冷却，以固化模型并保持形状。

8. 传感器和校准组件

传感器包括温度传感器、位置传感器等，确保运动的精度和挤出材料的温度控制。校准组件如平台调平设备等，确保打印基面的水平状态。

3.2.5 熔融沉积成形的优缺点

熔融沉积成形的优点如下：

1）系统构造和原理简单。采用的是热熔型喷头挤出成形，不需要激光器，因此设备费用较低。另外，原材料的利用效率高而且成本较低。

2）可选用的材料种类多，各种色彩的工程塑料，如 ABS、PC、PPSF 及医用 ABS 等都可以选用。

3）很多熔融沉积成形设备采用水溶性支撑材料，使得去除支撑结构简单易行，可快速构建复杂的内腔、中空零件，以及一次成形的装配结构件。

4）原材料以卷轴丝的形式提供，易于搬运和快速更换。

5）熔融沉积成形工艺无毒性且不产生异味、粉尘、噪声等污染，可在办公室环境下使用。

6）用蜡成形的原型零件，可以直接用于熔模铸造。

熔融沉积成形的缺点如下：

1）零件表面有较明显的条纹，精度较低，难以构建精度要求较高的零件。

2）与切片垂直的方向强度较小。

3）需要设计和制作支撑结构。

4）成形速度相对较慢，不适合构建大型零件。

5）喷头容易发生堵塞。

3.2.6 熔融沉积成形的精度分析

熔融沉积成形过程包括前处理、原型制作及后处理三个阶段，其中诸多因素都会产生误差，影响成形的精度。

1. 前处理过程产生的误差

在前处理过程中，需要对实体的三维 CAD 模型进行 STL 格式化处理及切片分层处理。STL 格式是用三角面片来近似表达 CAD 模型的曲面，切片分层处理则是用一定厚度的各层来近似逼近 CAD 模型的轮廓，二者都会产生误差。这些误差是各种 3D 打印工艺都存在的误差，属于原理性误差，无法完全避免，但可以通过增加三角面片的数量、减少分层厚度、采用自适应分层或 CAD 模型直接分层切片等方法来减少此类误差。

2. 原型打印制作过程产生的误差

3D 打印过程中，影响原型打印制作误差的因素很多，包括：打印机存在的误差、打印路径相关的误差、打印参数相关的误差、打印材料的膨胀和收缩引起的误差等。

3D 打印机的误差包括机器的制造误差、安装误差和使用过程中磨损造成的误差。这些误差会造成工作台、喷头等运动部件的实际运动轨迹偏离理想运动轨迹，引起加工误差。

熔融沉积成形的打印过程有多种填充方式，不同填充方式产生的填充线形状和长度不一样，填充的启动和停止过程不同，造成的启停误差也各不相同。

打印参数对加工误差影响很大，这些参数包括层厚、打印宽度、打印速度等多个方面。在打印过程中，打印速度与挤出速度是否相互匹配会影响加工精度。单位时间内挤出的丝材体积与挤出速度成正比。当打印速度一定时，随着挤出速度增大，挤出丝的截面宽度逐渐增加。当挤出速度增大到一定值，挤出的熔丝会堆积在喷嘴外圆锥面，使成形面上形成局部材料堆积，影响加工精度。若打印速度比挤出速度快，则材料填充不足，会出现断丝现象。

在熔融沉积过程中，熔融态的成形材料在狭窄的喷嘴受到挤压，当物料离开喷嘴的瞬时，由于外部压力的消失而导致聚合物产生挤出膨胀。这种现象可用膨胀率 s 来表示，其范围通常为 1.05~1.3。离开喷嘴后，成形材料由熔融态逐渐冷却并不断打印在前面已经成形的材料上。在此过程中，一方面刚挤出的熔融态材料温度逐渐下降并最终固化，随着温度的下降，这部分材料会出现体积收缩并影响丝材的实际挤出宽度和挤出速度；另一方面工作台上已经成形的材料受到传导过来的局部热量影响，会产生热应力和热变形，影响工件的打印精度。

实际的熔融沉积是一个很复杂的过程，熔融挤出丝的截面形状和尺寸受到

喷嘴直径 d、分层厚度 h、挤出速度 v_E、填充速度 v_F、喷嘴温度、成形室温度、材料黏性系数及材料收缩率等多种因素的影响。挤出的丝材由于受到喷嘴和已堆积材料的约束，其截面是具有一定宽度的扁平形状，如图 3-11a、b 所示。熔融沉积成形的挤出工艺如图 3-11c 所示。

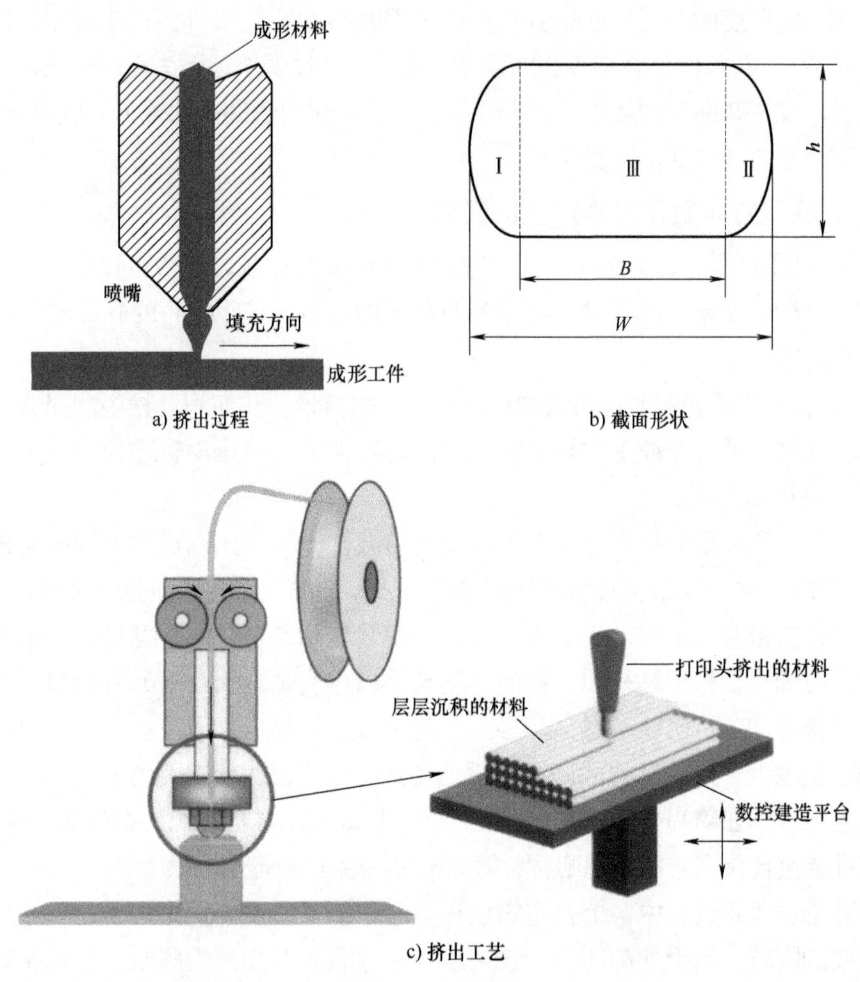

图 3-11　熔融沉积成形工艺

当挤出速度 v_E 较小时，挤出截面的形状近似为图 3-11 中Ⅲ区，宽度为

$$W=B=\frac{\pi d^2}{4h}\times\frac{v_E}{v_F} \tag{3-6}$$

当挤出速度 v_E 较大时，必须考虑图 3-11b 中曲面部分的影响，此时挤出截面的宽度为

$$W=B+\frac{h^2}{2B} \tag{3-7}$$

式中，$B=(\lambda^2-h^2)/(2\lambda)$，$\lambda=\pi d^2 v_E/(2hv_F)$。

3. 后处理过程产生的影响

熔融沉积成形打印出来的零件还需要经过一定的后处理，如去除支撑、打磨、抛光、着色等处理，这些后处理过程都会影响零件的加工精度。通过打磨和抛光，能够去除成形件表面上的毛刺、加工纹路等，降低表面粗糙度值。

3.2.7　熔融沉积成形的应用

1. 建筑行业

采用熔融沉积成形技术直接打印CAD和BIM数据的建筑模型（见图3-12），可以快速且经济地制造模型并获得多个副本。这种技术可以制造出复杂的表面和几何形状，具有高分辨率，方便对模型的部件和装饰效果进行意见交流。此外，还可以对打印的建筑模型进行性能测试，通过将试验仪器放入隧道中来测量建筑模型不同部位的压力。制作这样的模型可以大大缩短制作成本和时间。

图3-12　采用熔融沉积成形技术打印的建筑模型

2. 医疗行业

利用熔融沉积成形，可以快速制作出高质量的三维模型和仿体器官，以更好地获取病例信息、缩短手术时间，并加强患者与医师之间的信息交流，从而改善治疗效果。例如，矫形外科医生通常使用导板来确保在将螺钉钉入骨头之前，对螺钉进行精确定位。医生需要根据病人独特的解剖结构和手术过程，为其量身定制小型的塑料导板。由于熔融沉积成形制造系统可以使用可消毒的生物相容性热塑性塑料PC-ISO，临床医生可以直接将打印的导板应用于病人身上。采用熔融沉积成形技术打印的骨骼模型如图3-13所示。

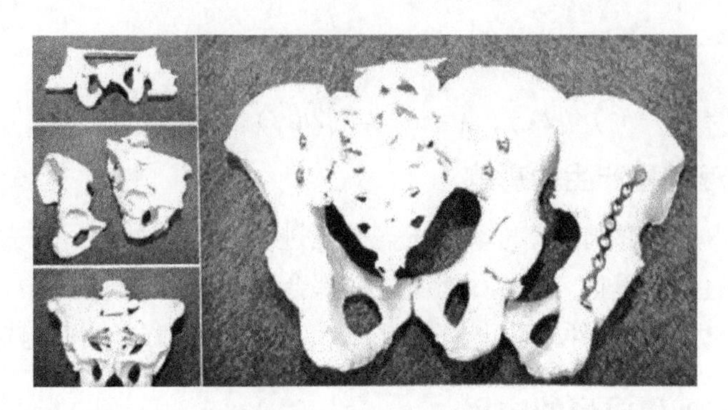

图 3-13 采用熔融沉积成形技术打印的骨骼模型

3.2.8 熔融沉积成形的发展趋势

熔融沉积成形技术是目前广泛应用的 3D 打印技术之一，它使用热塑性材料通过逐层堆叠的方式构建物体。未来，熔融沉积成形技术可能会朝以下几个方向发展：

（1）材料多样性增加　随着材料科学的进步，预计会有更多种类的材料可供选择，如高性能聚合物、金属合金等。这将使得熔融沉积成形技术在各个领域的应用范围扩大，例如汽车制造、航空航天等领域。

（2）提高打印速度　目前熔融沉积成形打印速度相对较慢，限制了其在大批量生产中的应用。未来，随着打印头和控制系统的改进，预计会有更快速的熔融沉积成形打印机问世，从而提高生产率。

（3）提高打印精度　熔融沉积成形技术的打印精度相对较低，表面质量不如其他高精度的 3D 打印技术。未来，预计会有更先进的熔融沉积成形技术，通过改进打印头设计和优化打印参数，提高打印精度和表面质量。

（4）应用拓展　除了传统的原型制作和低批量生产，未来的熔融沉积成形技术可能会在更多领域得到应用。例如，医疗领域可以利用熔融沉积成形技术制造个性化的医疗器械和假体，建筑领域可以使用熔融沉积成形技术打印建筑构件等。

（5）环境友好性　随着环保意识的增强，未来的熔融沉积成形技术可能会更加注重材料的可持续性和回收利用。开发更环保的材料和改进废料处理技术，将是熔融沉积成形技术未来发展的重要方向之一。

3.3 三维印刷

三维印刷（three-dimensional printing，3DP）技术属于黏结剂喷射技术中具有代表性的技术之一。所谓黏结剂喷射，是指选择性地喷射沉积液态黏结剂黏结粉末材料的增材制造工艺。该工艺采用各种粉末状材料（包括高分子、金属、无机非金属材料等）作为原材料，通过喷射液态黏结剂将粉末材料层层黏结形成三维实体。

3.3.1　三维印刷的发展历程

三维印刷技术由美国麻省理工学院的 Emanual Sachs 教授于 1993 年发明。三维印刷技术的发展带来了传统设计模式的改变，实现了从概念设计到实体模型设计的转变。自 1995 年起，美国 Z Corporation 公司推出了多系列的三维印刷设备，并获得了相关专利授权。随后，三维印刷技术在国外得到了迅猛的发展。例如，Z Corporation 公司于 2000 年推出了多喷头彩色打印设备 Z402C，可制作出具有 8 种不同色调的制件。此外，该公司与日本 Riken Institute 公司合作研制的 Z400、Z406 和 Z810 等系列设备，也采用了基于喷射黏结剂黏结粉末的三维印刷技术。2012 年，美国 3D Systems 公司收购了 Z Corporation 公司，随后将该技术重新命名为彩色喷墨打印（color jet printing，CJP）。

目前，三维印刷技术在国外的工业设计、建筑设计、汽车、家电、航空航天、医疗等领域得到了广泛应用。随着国内对设备和材料研究的深入，以及国外设备的引进，三维印刷技术在国内的应用也日益广泛。

3.3.2　三维印刷的工艺原理与流程

1. 工艺原理

三维印刷技术，也称为喷涂黏结，是一种高速多彩的快速成形工艺。图 3-14 所示为三维印刷的工作原理。三维印刷技术采用粉末材料（如陶瓷粉末、金属粉末等）进行成形加工，使用喷头喷出黏结剂，将零件的轮廓截面“印刷”在材料粉末上并黏结成形。喷头的工作原理类似于打印机的打印头，但不同之处在于除了在 x—y 平面上运动，工作台还会在 z 轴方向上进行垂直运动。而喷头喷出的材料不是油墨或打印机用的粉末，而是一种特殊的黏结剂。在计算机的控制下，喷头根据事先设定的轮廓信息，在铺覆好的一层粉末材料上有选择性地喷射黏结剂，形成一层层截面。每完成一层截面的喷射，工作台就会下降一个层厚。通过这种循环往复的过程，最终得到一个三维实体原型。

由图 3-15 可以明显看出，未喷射黏结剂的区域材料仍然呈现干粉状，在成形过程中起到支撑作用。在成形完成后，这些材料可以相对容易地去除，并且可以进行回收再利用。

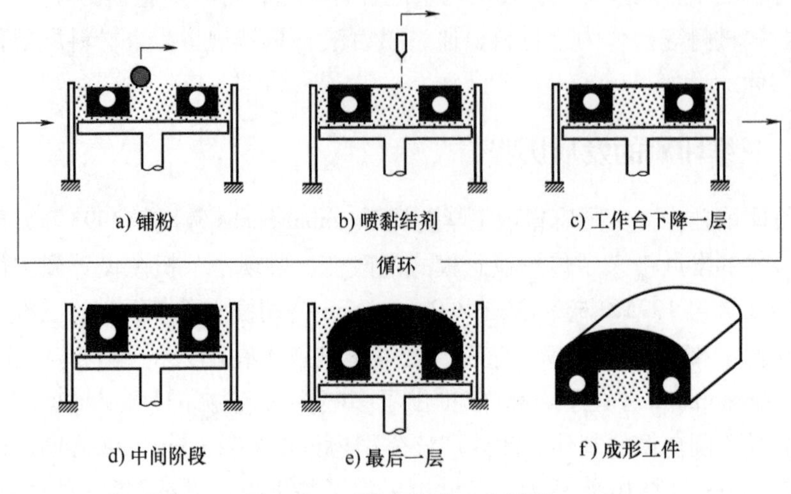

图 3-14　三维印刷的工作原理

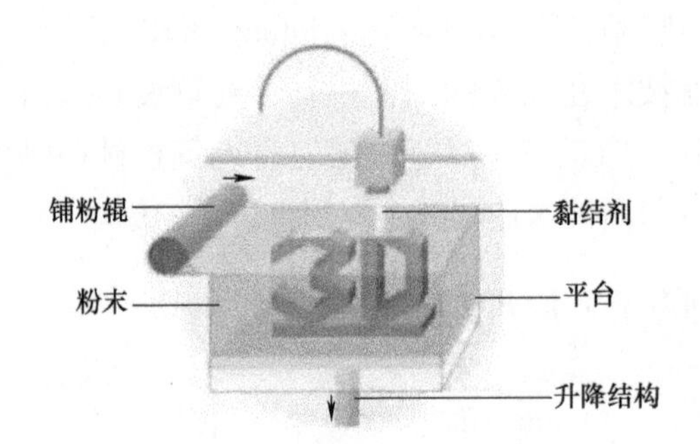

图 3-15　三维印刷技术加工完成的零件

2. 工艺流程

图 3-16 所示为 Z-Corporation 公司生产的 Z450 彩色三维印刷成形设备。该设备将三维印刷成形过程分为以下 5 个步骤：

1）将三维印刷专用 ABS 粉末倒入供粉仓中，并使用铺粉器将少量粉末平铺在成形缸的工作台上。

2）喷头按照预设的模型轮廓截面，将黏结剂喷在 ABS 粉末上，使其黏结并形成模型的一层层轮廓。

3）当供粉仓上升到一定高度时，进行粉末供给。同时，成形仓下降一个层厚，铺粉器开始工作，将新一层的粉末覆盖在已成形的轮廓上，多余的粉末被刮入粉末收集仓。

4）重复上述步骤，直到模型制件完全成形。

5）提升工作台，取出已加工完成的原型制件。图 3-17 所示为采用三维印刷技术打印的动物玩偶原型。

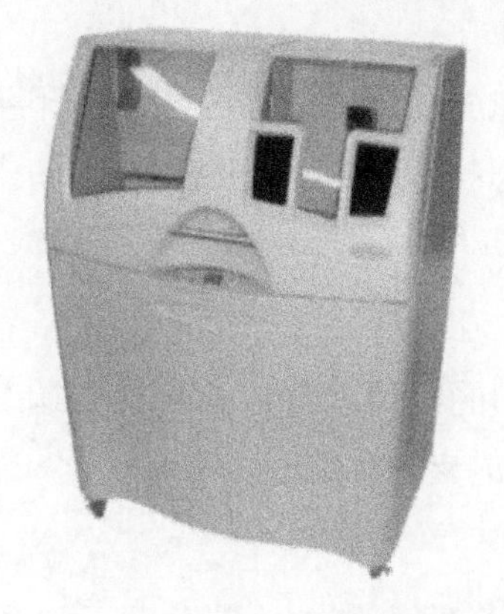

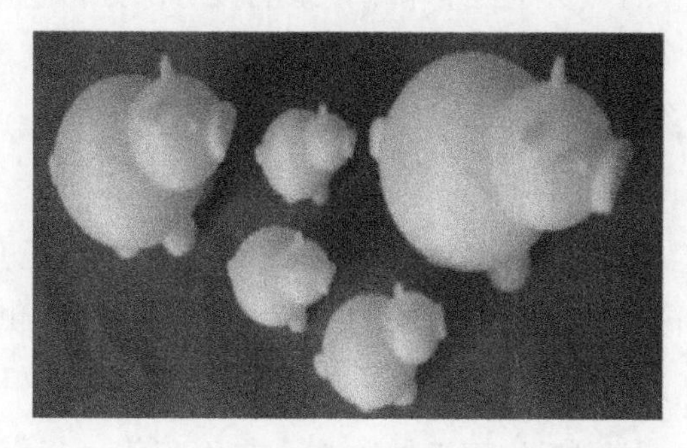

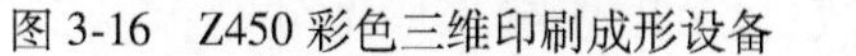

图 3-16　Z450 彩色三维印刷成形设备

图 3-17　采用三维印刷技术打印的动物玩偶原型

3. 后处理

三维印刷技术后处理工艺相对简单。一旦加工完成，就可以将原型制件放置在加热炉中或成形箱中进行保温，这样可以进一步固化黏结剂，同时提高制件的强度。接着，可以使用除粉系统将附着在原型制件上的粉末清除并回收利用。根据用户的需求，还可以在原型表面涂覆硅胶或其他耐火材料，以提高制件的表面精度和质量。此外，还可以选择将原型制件放入高炉中进行焙烧，以提高其耐热性和力学性能等方面的特性。

3.3.3　三维印刷的材料

三维印刷技术采用的粉末材料包括三部分：基体材料、黏结材料和添加材料。基体材料的类型很多，包括陶瓷粉末、金属粉末、型砂粉末、石膏粉末、塑料粉末等。黏结材料可采用聚乙烯醇（PVA）、麦芽糖糊精、硅酸钠等粉末。添加材料用于改进打印过程和打印后工件的性能。颗粒状的黏结材料、基体材料和添加材料相互混合，将黏结剂喷射到粉末上后黏结材料被溶解并发挥黏结作用，将粉末材料黏结成一体。粉末颗粒的大小、形状、密度等特性影响着打印过程和打印后工件的性能。

3.3.4　三维印刷的设备

三维印刷的设备由喷射系统、粉末供给系统、控制系统以及计算机系统等部分组成。目前三维印刷设备主要制造商包括美国 3D Systems 公司和美国 Exone 公司，以及德国 Voxeljet 公司等。

三维印刷设备通常由以下几个主要部分组成：

1. 打印头

打印头是三维印刷设备的核心部分，它用于完成物体的逐层打印。打印头通常由一个或多个喷头组成，可以喷射熔化成液态状态的材料，如塑料、陶瓷或金属。

2. 打印床

打印床是一个平台，用于支撑和固定正在打印的物体。它通常具有可调节的高度和平滑的表面，以便在成形过程中提供稳定的支撑和定位。

3. 控制系统

控制系统用于控制整个三维印刷过程。它包括硬件和软件部分，可以根据用户的需求进行高度精确的控制。控制系统负责控制打印头、打印床，以及其他相关的机械和电子器件，并确保它们按照预定的轨迹和参数进行工作。

4. 材料供给系统

材料供给系统通常用于提供所需的材料给打印头进行打印。这些材料可以是固态、粉末、颗粒状、液体或半固态的。根据打印头的类型和所需的打印材料，供给系统通常采用不同的供料机构，例如喷射泵、挤出机或喷墨喷头等。

5. 冷却系统

冷却系统用于控制打印过程中的温度。在一些需要快速固化的三维印刷技术中，冷却系统可以通过散热设备或冷却液来维持打印头和打印床的温度。

6. 辅助装置

辅助装置是根据具体的需求而添加的附加设备。例如，一些三维印刷设备可能包括喷雾系统，用于给打印物体添加颜色或纹理；或者通过激光扫描仪来捕捉物体的几何形状信息等。

这些组成部分共同协作，实现了三维印刷技术的工作原理，并可以制造出复杂的立体物体。随着技术的不断发展，三维印刷设备的组成也可能有所变化和创新。

3.3.5　三维印刷的优缺点

三维印刷技术操作简便，工艺过程清洁，适用于办公环境作为计算机的外围设备之一。可使用多种粉末材料和各种色彩的黏结剂，制作彩色原型，这是该工艺最具竞争力的特点之一。三维印刷的优点如下：

1）不需要支撑结构。成形过程无须单独设计和制作支撑结构，方便去除多余粉末，特别适用于制作内腔复杂的原型制件。

2）不需要激光器，设备价格相对较低。

3）成形速度快，完成一个原型制件的成形时间有时只需 0.5h 左右。

三维印刷的缺点如下：

1）精度和表面粗糙度不够理想，适用于制作概念模型，但不适合构建结构复杂和细节较多的薄型制件。

2）由于黏结剂从喷嘴中喷出，黏结能力有限，因此原型强度较低，只能做概念模型。

3）原材料（粉末、黏结剂）价格较贵。

3.3.6　三维印刷的应用

1. 快速制模

在产品开发和制造过程中，快速制模是一个关键的环节。传统的制模方法通常需要耗费大量的时间和成本。而三维印刷技术可以用来制造模具，包括直接制造砂型、熔模，以及模具母模。采用传统方式制造模具，需要事先人工制模，而这个过程耗时占整个模具制作周期的 70%。采用三维印刷技术，可以制造出形状复杂、高精度的模具，可以实现铸造用砂型（见图 3-18）、蜡模、母模的无模成形，从而缩短生产周期、减小成本。

图 3-18　采用三维印刷技术打印的砂型

2. 功能部件制造

三维印刷技术的发展方向之一是直接制造功能部件。通过采用三维印刷技术，金属制件可以直接成形。该方法使用黏结剂将金属材料黏结成形，经过烧结后，制件形成了许多微小空隙；然后，通过渗入低熔点金属，可以获得具备所需强度和尺寸精度的功能部件。

3.3.7 三维印刷的发展趋势

随着科技的不断进步，三维印刷技术已经应用到许多领域，成为一种改变人类生产和生活方式的工具。未来，三维印刷技术的发展将呈现出以下几个趋势：

（1）材料多样化　三维印刷技术最大的优势在于对材料的应用能力。目前，三维印刷技术已经可以使用塑料、金属、陶瓷等多种材料进行生产制造。这种趋势将继续发展，以满足不同行业和领域的需求，如生物医学领域对血管支架等特殊设备的需求，航天领域对轻质高强构件的需求等。

（2）精度提升　随着技术的进步，三维印刷技术在精度上的提升将更加明显。在一些高精度要求的应用场景中，如航天、医疗器械等，更高的精度显得至关重要。因此，未来三维印刷技术将通过提高喷嘴精度、优化喷射方式等途径，提升设备的整体精度。

（3）个性化定制　随着人们对生活品质的追求不断提高，三维印刷技术在个性化制造方面的应用将越发广泛。在定制化市场中，消费者可以根据自己的喜好来定制产品，如手机壳、饰品、家具等。在这种情况下，三维印刷技术的优势将更为明显，因为该技术可以在短时间内实现高质量的定制生产。

（4）数字化智能化　随着信息技术的深入发展，三维印刷技术将更加智能化。机器学习和人工智能在未来将极大地助力三维印刷技术，提高生产自动化和智能化水平。例如，在设计过程中，智能软件可以根据产品的使用环境和性能要求，自动优化结构设计。

（5）集成化生产　未来三维印刷技术将更好地融入产业链，实现原材料、生产、检测、加工等环节的高度集成。这种一体化生产方式将提高生产率，降低成本，加速产品上市速度，从而满足市场发展的需要。同时，集成化生产还有助于减少能源消耗和环境污染，实现可持续发展。

总之，未来的三维印刷技术将朝着多样化、精细化、个性化、数字化智能化和集成化的方向发展。

3.4　叠层实体制造

叠层实体制造（laminated object manufacturing，LOM）技术是一种快速成形制造技术，也称为分层实体制造或薄形材料选择性切割。这种工艺使用片材作为原材料，通过加热、化学反应或超声连接等方式使各层的片材相结合形成三维工件。最后，通过去除废料、烧结、渗透、打磨、机械加工等方式来提高工件表面的质量。

3.4.1　叠层实体制造的发展历程

叠层实体制造技术最早由美国 Helisys 公司于 1986 年推出，目前得到了迅速的发展。其中最具代表性的产品是 LOM2030H 型快速成形机。常用的设备包括 Helisys 公司的 LOM 系列和新加坡 Kinergy 公司的 ZIPPY 型成形机。

爱尔兰 Mcor Technologies 公司（简称 Mcor 公司）推出了几款采用叠层实体制造的 3D 打印机，包括工业级的纸原料 3D 打印机 IrisHD 和 Matrix300+，以及桌面级 3D 打印机 ARKe。这些打印机使用标准复印纸为原材料，采用 Mcor 公司的选择性沉积层压（SDL）技术打印物体，并能够打印出彩色物体。2019 年 11 月，Mcor 公司的知识产权和所有资产被另一家爱尔兰公司 CleanGreen3D 收购，该公司基于选择性沉积层压技术推出了全彩环保的 3D 打印机 CG-1。

3.4.2　叠层实体制造的工艺原理及流程

1. 工艺原理

叠层实体制造是当前世界范围内几种最成熟的快速成形制造技术之一，主要以片材（如纸片、塑料薄膜或复合材料）作为原材料。由于多使用纸张作为原材料，使得整个制造成本非常低廉，并且制件精度很高。同时，一些改进型的 LOM 3D 打印机能够打印出媲美二维印刷的色彩，因此受到了各界非常广泛的关注，特别是在产品概念设计可视化、造型设计评估、装配检验、快速制模及直接制模等方面得到了大量应用。

叠层实体制造的工艺原理如图 3-19 所示。采用片材（如纸、塑料薄膜等）作为原材料，片材表面事先涂覆上一层热熔胶。加工时，供料机构将片材送至工作区域，热压辊热压片材，使之与下面已成形的工件黏结在一起。用激光器在刚黏结的新层上切割出零件截面轮廓和外框，并将截面轮廓与外框之间多余的区域切割成上下对齐的网格，以便后处理过程顺利剔除废料。激光切割完一层后，升降工作台带动已成形的工件下降一定高度，然后供料机构带动片材移动，使新层移到加工区域，工作台再缓慢上升到加工位置，开始新的工作循环。在新的工作循环中，对新的一层进行热压、黏结和切割。如此反复直至完成零件所有截面的黏结和切割，得到分层制造的实体零件。

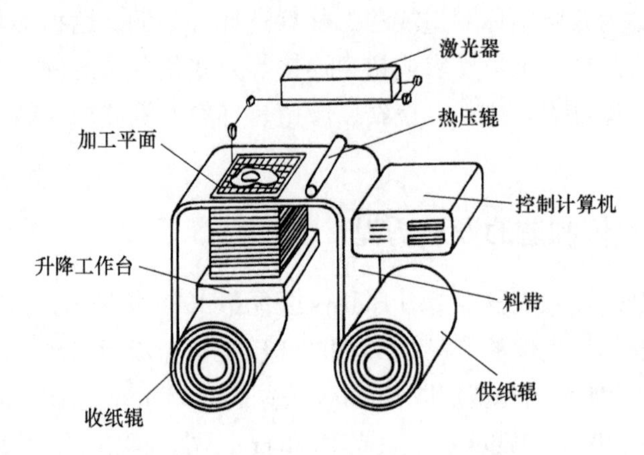

图 3-19　叠层实体制造的工艺原理

2. 工艺流程

叠层实体制造将产品制造过程分为三个主要步骤：预处理、分层叠加成形和后处理。

（1）预处理：图形处理阶段　首先是预处理阶段，也称为图形处理阶段。在这一阶段，采用专业的 3D 建模软件（例如：Pro/E、UG、SolidWorks）来制作产品的 3D 模型。接下来，将 3D 模型转换为 STL 格式，并将其导入切片软件。

（2）分层叠加成形：打印阶段　在制造模型的过程中，叠层实体制造原型堆必须牢固地连接到工作台。因此，需要制造基板。通常的方法是设置 3~5 层的堆栈作为基板，以确保充分的稳固连接。有时为了使基板更加牢固，还会在制造基板之前对工作台进行加热处理，以确保连接的牢固性和稳定性。

基板完成后，快速成形机可以根据预设的工艺参数自动完成原型处理。其中重要的参数包括激光切割速度、加热辊的热量、激光能量和断网尺寸。这些参数的精准选择将直接影响到成形的速度和产品的质量。

参数设置完成后，打印机按照预设的工艺参数逐层完成打印过程。

（3）后处理：完善细节的关键　包括残余材料去除和后处理。这一阶段的重点在于完善产品的细节，确保产品达到预期的质量标准。通过细致的后处理工作，可以确保产品的表面光滑度和质感，为产品的最终呈现打下坚实的基础。

3.4.3　叠层实体制造的材料

叠层实体制造的成形材料由薄片材料和热熔胶两部分组成。

薄片材料包括纸片材、塑料薄膜、陶瓷片材、金属片材、复合材料片材等。叠层实体制造工艺中的薄片材料应具备以下性能：良好的抗湿性、浸润性、抗拉强度，较小的收缩率，较好的剥离性能，良好的稳定性。目前，叠层实体制造工艺中最广泛应用的材料是纸基片材。

叠层实体制造工艺中的热熔胶包括乙烯-乙酸乙烯酯类热熔胶、聚酯类热熔胶、聚酰胺类热熔胶或其混合物。

3.4.4　叠层实体制造的设备

叠层实体制造技术通过逐层叠加和黏结材料来创建物体。叠层实体制造设备通常由以下几个主要部分组成：

1. 材料供应系统

叠层实体制造设备通常使用卷筒式供应系统来提供材料，比如纸张、塑料薄膜或金属箔片。材料通常预涂有一层热激活黏结剂，以便在叠加过程中固定每一层。

2. 热滚轮

热滚轮用于加热和压实新添加的材料层，从而激活黏结剂并将新层黏附到之前的层上。该设备可提供温度控制以适应不同类型的材料。

3. 激光切割系统

高精度激光头被用来按照CAD模型的轮廓剪切各层材料。激光系统包括激光发生器、反射镜、聚焦透镜等组成部分。

4. 控制系统

计算机控制系统用来控制激光切割路径、热滚轮温度和压力，以及整体制造流程。软件通常可以直接接收3D CAD数据，并将其转化为设备可以执行的指令。

5. 废料处理系统

切割过程会产生废料，因此设备通常配有系统以收集和处置这些废料。废料处理提高了工作环境的清洁度，也降低了操作难度。

6. 平台或基床系统

产品模型在一个移动的平台上构建。该平台在每次添加新的材料层之后会下降相应的厚度。

3.4.5 叠层实体制造的优缺点

叠层实体制造的优点如下：

1）成形效率高，适于制造大型零件。与其他以点或线为基本成形单位的3D 打印工艺不同，叠层实体制造以截面作为基本成形单位，具有很高的成形效率，适于制造内部结构简单的大型零件。

2）原材料成本低。叠层实体制造工艺采用纸张、塑料薄膜等片材作为原材料，成本较低。

3）不需要支撑结构。熔融沉积成形和立体光固化成形工艺都需要支撑结构，但叠层实体制造工艺不需要支撑结构。

叠层实体制造的缺点如下：

1）材料利用率低，各截面内无用的部分成为废料。除掉废料的过程不仅耗时，也对产品的质量产生不良影响。

2）制件的抗拉强度和弹性都比较差。

3）纸基材料易吸湿膨胀，成形后应尽快进行表面防潮处理，比如用树脂对制件表面进行表面喷涂处理等。

4）制件表面有台阶纹，其高度为材料的厚度（通常为 0.1mm），因此表面质量相对较差。制作复杂的构件时，成形后应进一步进行表面打磨、抛光等后处理。

3.4.6 叠层实体制造的精度分析

1）当进行 STL 转换时，应根据零件形状的复杂程度来确定转换精度。如果部件的结构复杂，则应设置较高的转换精度。在确保成形完整和光滑的形状的条件下，应尽量避免过高的转换精确。

2）STL 文件的输出精度应与相应原型设备上切片软件的精度相匹配。

3）模型的成形方向对工件质量（尺寸精度、表面粗糙度、强度等）、材料成本和生产时间有很大影响。

4）合理设置切碎网格的大小。当原型的形状相对简单时，可以将网孔尺寸设定得更大，以提高成形效率。当形状复杂或零件内部有废料时，可以分别改变网格尺寸，即零件外部使用大的网格，内部由小网格划分。

5）处理湿膨胀变形的一般方法是涂漆。为了研究原型的吸湿性，即涂料的防潮效果，可以选择相同尺寸的矩形层压块并通过快速原型制作，再进行不同的处理，来观察尺寸和质量的变化。

3.4.7　叠层实体制造的应用

汽车工业中很多形状复杂的零部件均由精密铸造直接制得，如何高精度、高效率、低成本地制造这些铸件的母模是汽车制造业中的一个重要问题。采用传统的木模工手工制作，对于曲面形状复杂的母模，效率低、精度差，难以满足生产需要。采用数控加工制作，则成本太高。因此，一家车灯配件公司为国内一家大型汽车制造厂开发了某种型号轿车车灯叠层实体制造原型，经过与整车的装配检验和评估，显著提高了该组车灯的开发效率和成功率。

3.4.8　叠层实体制造的发展趋势

叠层实体制造技术在未来将迎来更广阔的发展前景，其发展趋势如下：

（1）多材料和多功能性　未来，叠层实体制造技术将不仅限于单一材料的制造，而是更多地涉及多材料和多功能性的制造。这将推动材料科学和工程技术的发展，为制造出更具复杂性和多功能性的零部件和产品提供新的可能性。

（2）大规模生产和定制化制造　随着叠层实体制造技术的成熟和普及，该技术未来将更多地应用于大规模生产和定制化制造领域。通过智能化制造和自动化生产线的应用，可以实现更高效的生产和更灵活的定制化制造。

（3）智能化制造和工业4.0　未来，叠层实体制造技术将与智能化制造和工业4.0紧密结合。通过大数据分析、人工智能和物联网技术的应用，可以实现制造过程的智能化监控、预测性维护和自适应制造，提高生产率和产品质量。

（4）可持续发展和环保制造　未来的叠层实体制造技术将更加注重可持续发展和环保制造。采用可再生材料、循环利用和零废弃物排放的制造模式，将成为技术发展的重要方向。

这些发展前景显示出叠层实体制造技术在未来制造业中的巨大潜力，为行业带来更多创新和发展机遇。

3.5　选区激光烧结

选区激光烧结（selective laser sintering，SLS）技术利用红外激光作为热源来烧结粉末材料成形，采用离散/堆积成形的原理，借助计算机辅助设计与制造，将固体粉末材料直接成形为三维实体零件。该技术不需要任何工装模具，不受形状复杂程度的限制。

3.5.1 选区激光烧结的发展历程

选区激光烧结技术是一种由美国得克萨斯大学的 Carl Deckard 于 1989 年发明的增材制造技术。1992 年，美国 DTM 公司获得了选区激光烧结技术的商业化授权。

1992 年，美国 DTM 公司推出了 Sinterstation 2000 系列选区激光烧结成形机，并在随后的几年中推出了多种改进型号和烧结材料。由于选区激光烧结技术在新产品研制开发、模具制造、小批量产品生产等方面的广泛应用前景，该技术在十多年时间内得到了迅速发展，现已成为技术最成熟、应用最广泛的增材制造技术之一。

美国 DTM 公司在选区激光烧结研究方面拥有多项专利，并于 2001 年被美国 3D Systems 公司收购，使得 3D Systems 公司拥有了较为先进的选区激光烧结技术。另一家在选区激光烧结技术方面占有重要地位的公司是德国 EOS 公司，他们于 1994 年推出了三个系列的选区激光烧结成形机，对设备的硬件和软件进行了不断的改进和升级，使得设备的成形速度更快、成形精度更高、操作更方便，并能制造尺寸更大的烧结件。

1994 年开始，国内如北京隆源公司、华中科技大学、南京航空航天大学、西北工业大学、中北大学和湖南华曙高科技股份有限公司（简称华曙高科）等单位进行选区激光烧结技术相关的研究，并研制出了选区激光烧结设备。

2018 年，德国 EOS 公司推出 LaserProFusion 技术，采用近百万个二极管激光器排成阵列激光，瞬间一次性烧结粉末材料，新技术的烧结速度比传统烧结工艺快出很多，能够大大提高生产率。这项技术的主要目的是满足批量生产的要求，在小批量、多批次的生产上，能部分取代注塑技术。

2019 年，德国 EOS 公司推出了基于 CO 激光器的激光烧结方法。CO 激光器的输出波长为 5μm，而 CO_2 激光器的输出波长为 10.6μm。相比 CO_2 激光器，波长更短的 CO 激光器光束可以聚焦到更小的光斑尺寸，因而可以制造更加精细的结构。CO 激光的功率密度比 CO_2 激光更高，聚焦深度比 CO_2 激光更长。而且，某些材料，如 PE、陶瓷、玻璃等，对 CO 激光具有更高的吸收率，CO 激光器在这些材料的加工领域更有独特的优势。虽然 CO 激光器数十年前就已推出，但其制造技术一直不太成熟，适合工业化应用的新型 CO 激光器直到 2015 年才由美国相干公司（Coherent）推出。德国 EOS 公司将基于 CO 激光器的烧结方法命名为超精细细节分辨率（fine detail resolution，FDR）技术，该技术能够打印出精细的结构、精细的表面分辨率和最小为 0.22mm 的壁厚，适用于生产精密零件。

华曙高科在 2019 年发布了 Flight 技术，该技术采用光纤激光器取代普通激光烧结系统的 CO_2 激光器。与普通 CO_2 激光器相比，光纤激光器具有更高的激光功率，激光到达粉末床表面时可实现更高的能量密度，从而能够在极短时间内完全烧结粉末。基于该技术，华曙高科开发了 Flight 403P 系列设备，扫描速度达到 20m/s，层厚为 0.06～0.3mm，具有更精细的光斑直径和更快的烧结速度。

3.5.2　选区激光烧结的工艺原理及流程

1. 工艺原理

选区激光烧结技术通常使用波长为 10.6μm 的 CO_2 激光器，受限于激光器较小的功率，选区激光烧结工艺中使用最广泛的材料是高分子材料。这是因为高分子材料成形温度较低，所需激光功率较小。烧结高分子材料时，其基本工艺过程如下：首先用铺粉辊铺上一层粉末材料，并将粉末加热至略低于材料烧结点温度；然后激光束在计算机的操控下对粉末进行扫描照射，激光照射部分的粉末发生烧结作用并逐渐形成零件的一层截面，未经烧结的粉末能够支撑正在烧结的工件。烧结完一层后，工作台下降一个层厚，用铺粉辊继续在已烧结的结构上铺设一层新粉末，再进行下一层的扫描烧结，如此层层叠加，直至完成整个实体。图 3-20 所示为选区激光烧结技术的工艺原理。

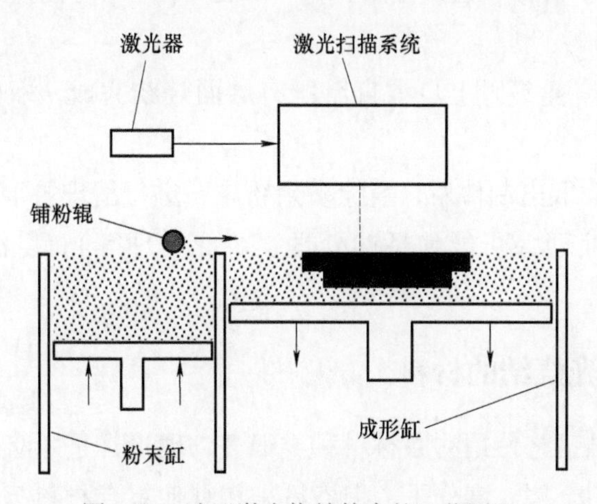

图 3-20　选区激光烧结技术的工艺原理

选区激光烧结工艺既可以烧结高分子粉末，也可以烧结陶瓷粉末及金属粉末。由于选区激光烧结工艺的激光器功率较小，烧结陶瓷零件或金属零件时均采用间接制造法。烧结前，将熔点较低的粉末材料（如高分子聚合物粉末、低熔点金属粉末等）与金属粉末或者陶瓷粉末混合。烧结时，低熔点的材料熔化但高熔点的陶瓷或金属粉末并未熔化，熔化的低熔点材料作为黏结剂黏结高熔点的金属或者陶瓷粉末。黏结以后，通过在熔炉中加热将作为黏结剂的高分子材料蒸发掉形成多孔的实体，最后通过渗透低熔点的金属材料来提高密度，减小多孔性。选区激光烧结工艺制造的金属零件存在孔隙，力学性能较差，要使用的话还要经过高温重熔。随着其他金属增材制造技术的发展，使用选区激光烧结工艺进行间接金属制造的方法使用越来越少。

2. 工艺流程

（1）参数选择　在选区激光烧结原型制作过程中，应考虑两个参数：一是分层参数，包括分层厚度、零件加工方向、扫描间距等；二是成形烧结参数，包括扫描速度、激光功率、粉末类型、铺粉厚度等。

（2）原型制作　选区激光烧结原型制作不需要额外支撑结构，因为未烧结的粉末能够提供支撑。

1）粉末处理。粉末颗粒存储在供粉仓内，通过升降平台将粉末铺平形成薄层。

2）激光扫描。激光束依据切片路径选择性地扫描粉末，被扫描的粉末烧结形成实体薄片，未扫描区域保持松散粉末状。

3）层层烧结。完成一层烧结后，打印平台下降，再次铺平粉末，开始新一层的烧结。

4）完成模型。重复以上步骤直至所有层面烧结完成，取出打印好的实体模型。

（3）后处理　取出制件后，清除多余粉末，进行清理打磨。随后，对原型材料进行进一步处理（可能包括热处理、表面处理等），以满足特定的工程要求。

3.5.3　选区激光烧结的材料

选区激光烧结工艺使用的原材料种类很多，理论几乎所有的粉末材料都可以烧结，如石蜡、金属、高分子、陶瓷粉末和其他复合材料等。粉末颗粒的特性对烧结过程的影响较大，如粉末粒径的大小、粒径的分布、粉末颗粒的形状等对每层的打印厚度、烧结速率、烧结零件的强度和精度等有很大的影响。

3.5.4　选区激光烧结的设备

在3D打印领域，选区激光烧结设备已经在全球范围内得到广泛应用，有多个系列和规格的商品化设备，最大成形尺寸约为1400mm，智能化程度高，运行稳定。选区激光烧结设备主要由激光器、振镜扫描系统、粉末传送系统、气体保护系统、预热系统等部分组成。选区激光烧结设备不仅可以成形铸造用蜡模和砂型，还可以直接成形多种高性能塑料零件。

在选区激光烧结设备生产领域，国外知名的制造商包括美国的3D Systems公司、德国EOS公司等。2001年，3D Systems公司兼并了美国DTM公司，继承了DTM系列选区激光烧结产品，目前主要提供SPro系列选区激光烧结设备。这些设备采用了可移除制造模块和组合粉末收集系统，提高了制造的可操作性和智能化程度。选区激光烧结设备采用30~100W CO_2激光器，采用高速振镜扫描系统，扫描速度达515m/s，最大成形空间达550mm×550mm×750mm，粉末层厚为0.08~0.15mm。

德国EOS公司是近年来选区激光烧结设备销售最多、增长速度最快的制造商之一。其设备具体包括P型和S型多系列选区激光烧结设备。其中，4个系列的P型选区激光烧结设备，主要用于成形聚酰胺等高性能塑料零件。采用30~70W低功率CO_2激光器，最大成形空间达700mm×380mm×580mm，采用双激光扫描系统提高了成形效率，扫描速度为58m/s，层厚为0.06~0.18mm。最新研发的P800型选区激光烧结设备，可提供超过200℃的稳定预热环境，能直接成形耐高温高强度PEEK塑料。

1994年，在美国得克萨斯大学奥斯汀分校留学的宗贵升博士将美国的选区激光烧结技术引入中国，与美国桑尼通材料有限公司联合成立了北京隆源自动成形系统有限公司，专门生产基于选区激光烧结设备。华中科技大学从20世纪90年代末开始研发具有自主知识产权的选区激光烧结设备与工艺，并通过武汉华科三维科技有限公司实现商品化生产和销售。最早研制了400mm×400mm工作面的选区激光烧结设备，2002年将工作台面升至500mm×500mm，已超过当时国外选区激光烧结设备的最大成形范围。生产的选区激光烧结设备可直接成形低熔点塑料、间接成形金属、陶瓷和覆膜砂等材料。在2005年，该单位通过对高强度成形材料、大台面预热技术以及多激光高效扫描等关键技术的研究，陆续推出了800mm×800mm、1000mm×1000mm、1200mm×1200mm、1400mm×700mm等系列大台面选区激光烧结设备，在成形尺寸方面远远超过国外同类技术，形成了一定的产品特色。

3.5.5 选区激光烧结的优缺点

选区激光烧结的优点如下：

1）成形材料具有多样性，价格低廉。这是选区激光烧结最显著的特点。理论上，凡经激光加热后能在粉末间形成原子连接的材料都可作为选区激光烧结成形材料。目前，已商业化的材料主要有塑料粉、蜡粉、覆膜金属粉、表面涂有黏结剂的陶瓷粉、覆膜砂等。

2）材料利用率高。未烧结的粉末可以重复利用。

3）无须设计和制作支撑结构，对制件形状几乎没有要求。由于下层的粉末自然成为上层的支撑，故选区激光烧结具有自支撑性，可制造任意复杂的形体，这是许多快速成形技术所不具备的。成形不受传统机械加工中刀具无法到达某些型面的限制。

4）制件具有较好的力学性能。成品可直接用作功能测试或小批量使用。

5）实现设计制造一体化。配套软件可自动将 CAD 数据转化为分层 STL 数据，根据层面信息自动生成数控代码，驱动成形机完成材料的逐层加工和堆积，无须人为干预。

选区激光烧结的缺点如下：

1）表面粗糙度值高，受粉末颗粒大小和激光光斑影响，影响制件的外观和质感。

2）需要预热和冷却，后处理过程烦琐。特别是在处理陶瓷、金属和黏结剂混合粉末制件后，需要置于加热炉中烧掉黏结剂并填充孔隙，后处理复杂耗时。

3）处理室需要连续充氮气，处理成本高，对环境要求严格。

4）设备成本高昂，投资较大。

5）制件内部疏松多孔，力学性能较差，限制了其应用范围。

6）制件质量受粉末影响较大，提升难度大，制造一致性难以保证。

7）可制造零件的最大尺寸受到限制，对大型零件的制造有一定局限性。

3.5.6 选区激光烧结的应用

选区激光烧结技术所用的材料主要包括高分子材料、金属材料和陶瓷材料等。其中高分子材料有着优良的成形条件和较高的成形精度，因而成为目前使用最广泛，也是使用最成功的选区激光烧结打印材料。其中应用最多的高分子材料主要有聚碳酸酯、聚苯乙烯、聚酰胺、聚丙烯、聚醚醚酮等热塑性高分子及其复合材料。目前，利用 3D 打印技术制备碳纤维增强复合材料已经成为研究的热点，其中选区激光烧结和熔融沉积成形是目前应用最广泛的技术。

选区激光烧结技术已成功应用于多个行业，如汽车、造船、航天、航空、通信、微机电系统、建筑、医疗和考古等。它为传统制造业注入了新的创造力，并带来了信息化的气息。总的来说，选区激光烧结技术可以在以下领域发挥作用。

1. 快速原型制造

选区激光烧结技术可快速制造设计零件的原型，并及时评估、修正产品，以提高设计质量。客户可以获得直观的零件模型，并制造教学、试验用复杂模型。

2. 新型材料的制备及研发

利用选区激光烧结技术可以开发新型颗粒，以增强复合材料和硬质合金。

3. 小批量、特殊零件的制造加工

在制造业领域，经常需要生产小批量及特殊零件。这类零件加工周期长、成本高，对于某些形状复杂零件，甚至无法制造。采用选区激光烧结技术可经济地实现小批量和形状复杂零件的制造，如图 3-21 所示。

图 3-21　采用选区激光烧结技术打印的金属物件

4. 快速模具和工具制造

选区激光烧结制造的零件可直接用作模具，如砂型铸造与熔模铸造用铸模（见图 3-22）、注塑模型、高精度形状复杂的金属模型等；也可将成形件经后处理后用作功能零件。

5. 逆向工程应用

选区激光烧结技术可在没有设计图样或图样不完整、没有 CAD 模型的情况下，根据现有的零件原型，利用数字技术和 CAD 技术重新制造原型 CAD 模型。

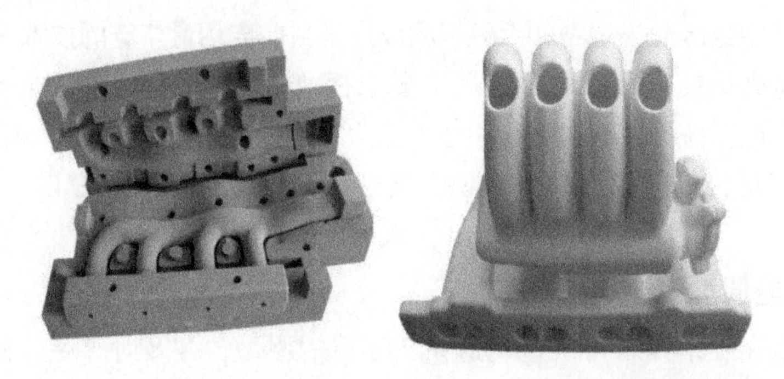

图 3-22　采用选区激光烧结技术打印的砂型铸造与熔模铸造用铸模

6. 医学应用

选区激光烧结技术烧结的零件由于具有很高的孔隙率，因此可用于人工器官的制造。国外对用选区激光烧结技术制备的人工骨进行的临床研究表明，人工骨的生物相容性良好。利用选区激光烧结技术打印的骨支架，如图 3-23 所示。

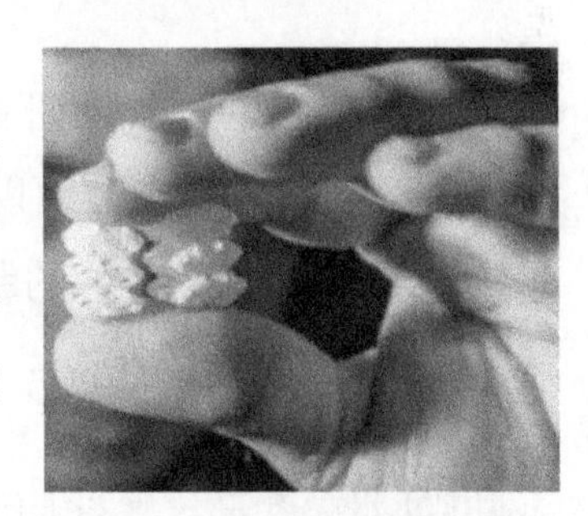

图 3-23　采用选区激光烧结技术打印的骨支架

3.6　多射流熔融

多射流熔融（multi jet fusion，MJF）技术采用基于粉末熔融的方法，将助熔剂通过多个喷嘴喷射到细粉层上，实现粉末黏结并加固成形。

3.6.1　多射流熔融的发展历程

多射流熔融技术是一项创新的 3D 打印技术，由美国 HP 公司于 2015 年推出。这项技术在 3D 打印领域引起了轰动，并被广泛应用于工业设计、制造、医疗和航空航天等各个领域。

多射流熔融技术的应用在不断扩大。它正在推动工业设计领域的创新，通过快速制造出样品和原型，加速了产品的研发过程。在医疗领域，多射流熔融技术可以制造出个性化的医疗器械和假肢，为患者提供更好的医疗解决方案。在航空航天领域，多射流熔融技术可以制造出轻量化的部件，提高飞机的燃油效率和减少碳排放。

虽然在国内，多射流熔融技术的应用和设备的研发还处于起步阶段，但我国一些知名高校和研究机构也已经开始关注和研究这项技术。相信随着技术的不断完善和推广，MJF 技术在国内的应用将逐步扩大，并为我国的制造业和创新提供更多的机遇和发展空间。

3.6.2　多射流熔融的工艺原理

多射流熔融的工艺原理如图 3-24 所示。

1）铺设成形粉末。首先，将适用于打印的粉末材料均匀地覆盖在打印平台上，形成一层薄膜。

2）喷助熔剂。运用多个喷嘴，将助熔剂喷洒在粉末层上。这种特殊的助熔剂能够吸收并保持高温能量。

3）喷细化剂。使用不同的喷嘴，精确地喷洒细化剂在模型的局部区域。这种细化剂能够改善模型的表面细节和精度。

4）施加能量使粉末熔融。在成形区域施加能量，如热能或光能。这个过程能够引起粉末熔融并与助熔剂相结合，形成具有坚固性和细致层次的成品模型。

通过重复以上四个步骤，直到所有切片的加工完成。需要注意的是，喷射细化剂的区域未被熔融，以保持模型的细节和精度。

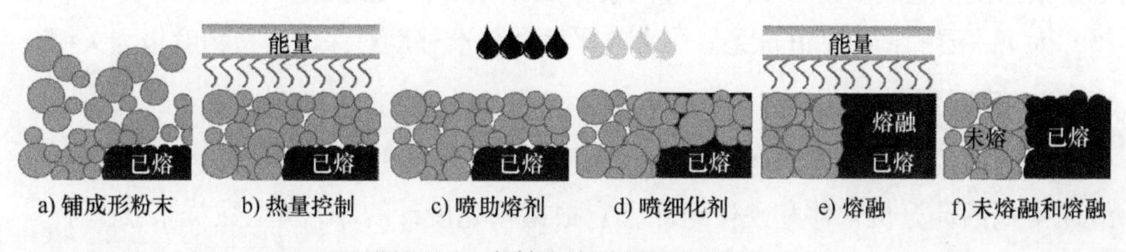

图 3-24　多射流熔融的工艺原理

美国 HP 公司基于多射流熔融技术推出如图 3-25 所示的全套设备，从左至右依次是 HP 3D 打印机、构建单元、处理站。

图 3-25　美国 HP 公司的多射流熔融 3D 打印系统组成

3.6.3　多射流熔融的材料

多射流熔融使用的成形材料主要是聚酰胺粉末和助熔剂。在打印过程中，助熔剂和聚酰胺粉末被同时喷射到粉末层上，然后通过能量照射使其固化，形成所需的零件轮廓。这种工艺能够生产出具有优良力学性能和表面质量的成品零件。

3.6.4 多射流熔融的设备

多射流熔融设备通常由以下几个主要部分组成：

1. 喷头阵列

喷头阵列是多射流熔融设备的核心部件之一，它通常由数十到数百个微型喷嘴组成。喷头阵列的功能是精确地喷射小滴的光敏性树脂到构建平台上。每个喷嘴都可以独立控制，这使得设备能够在 x—y 平面上精确地放置树脂滴，并且形成非常细致的几何结构。此外，喷头阵列还可能包括用于喷射辅助材料（比如支撑结构用的易溶材料）的额外喷嘴。

2. 平台

构建平台是另一个关键组成，它是模型构建的物理基础。在打印过程中，平台会根据模型的层高逐层下降，每完成一层喷射和固化过程后，平台下移一个层厚，为下一层的构建做好准备。平台的平稳和精准移动对保证模型精度极为关键。

3. 控制系统

控制系统是多射流熔融设备的“大脑”，它负责协调整个打印过程。控制系统通常包括计算机软件和硬件组件，它根据预先设计的 3D 模型数据来指挥喷头阵列工作，并控制构建平台的位移。高级的算法会确保材料的精确放置并优化打印路径，以提高打印效率与质量。

4. 紫外线固化系统

在多射流熔融设备中，紫外线固化系统是用于硬化液态树脂的组件。喷头喷射出的树脂经过紫外光线照射后迅速固化，从而形成坚硬的塑料层。该系统通常包括一组紫外灯管，这些灯管可以是沿着喷头阵列的移动方向排列，以确保光照覆盖到所有喷射的树脂滴上。

多射流熔融设备的这些组成部分共同工作，以利用数字模型创建出实物模型。优质的硬件设计结合精密的软件控制，使得多射流熔融技术能在诸多领域发挥重要作用，尤其是在要求非常高的表面质量和精细细节的应用中。

3.6.5 多射流熔融的优缺点

多射流熔融的优点如下：

1）加工速度快。多射流熔融 3D 打印机的首要优势在于加工速度快。据称，其速度可超过普通技术的10倍。以打印齿轮为例，对比速度可见一斑。在相同的时间内，采用熔融沉积成形技术只能打印出36个齿轮，激光烧结技术稍好一些，能打印出79个，而采用多喷射熔融技术却能打印出1000个齿轮。

2）打印件质量高。例如，采用美国HP公司的多射流熔融3D打印机打印的椭圆形结构可吊起了一辆汽车，如图3-26所示。这个结构打印只用了30min，质量为1/4lb（约113g），却可提起最高5t的质量。

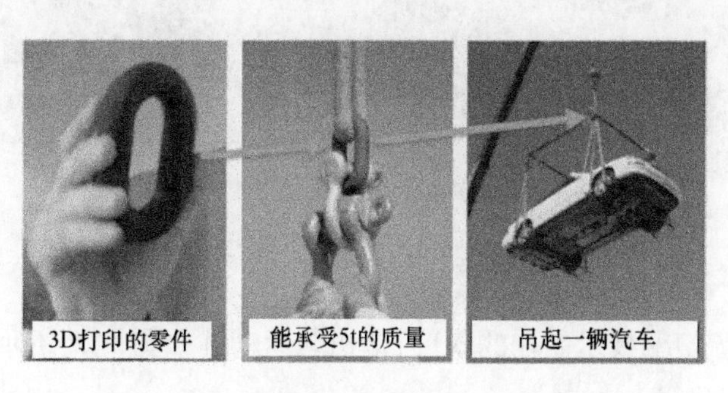

图3-26　承重测试

3）高精度。打印机喷头可以达到1200dpi的精度，考虑到粉末的扩散，在*xy*方向的精度可以达到约40μm。

多射流熔融的缺点如下：

1）材料限制。目前多射流熔融3D打印可用的材料还比较少，而更多可用材料将取决于对于细化剂的开发。

2）材料污染。材料污染也是一个需要考虑的问题。在喷射了细化剂的区域，粉末并没有被烧结，有可能造成粉末的污染。因为这些喷射了细化剂的粉末如果被后续用在成形区域可能不会被熔融。

3）颜色限制。助熔剂包含了可以吸收光波的物质（可能为炭黑等深色材料），因而所展示的样品为深色。打印白色等浅色可能会降低能量吸收，从而会增加成形时间，有可能导致无法成形。对于全彩器件的打印，同时应考虑色素的耐高温能力。

3.6.6　多射流熔融的应用

多射流熔融技术在3D打印领域属于相对较新的技术，但在短短几年内，多射流熔融技术已经开始迈向工业化。如今，多射流熔融技术被制造商广泛采用，是一种可靠的零件制造技术。该技术适用于汽车零件、工厂工具、骨科支架以及消费品等各种产品，如图3-27所示。

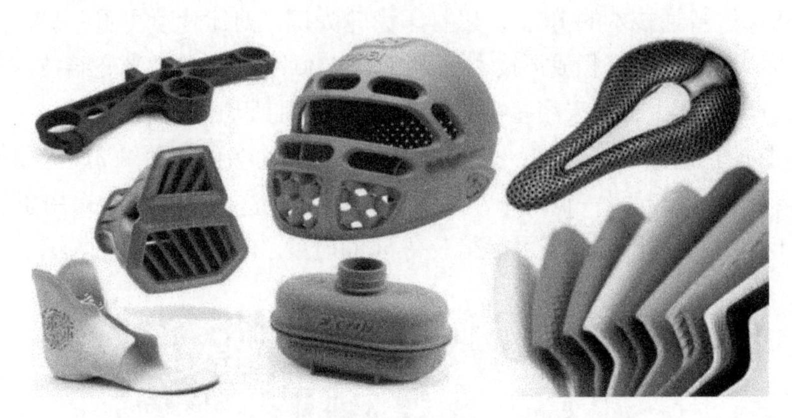

图 3-27　采用多射流熔融技术打印的各种产品

1. 鞋类

采用多射流熔融技术制作的 3D 打印概念运动鞋如图 3-28 所示，该鞋采用柔性 TPU 材料打印。

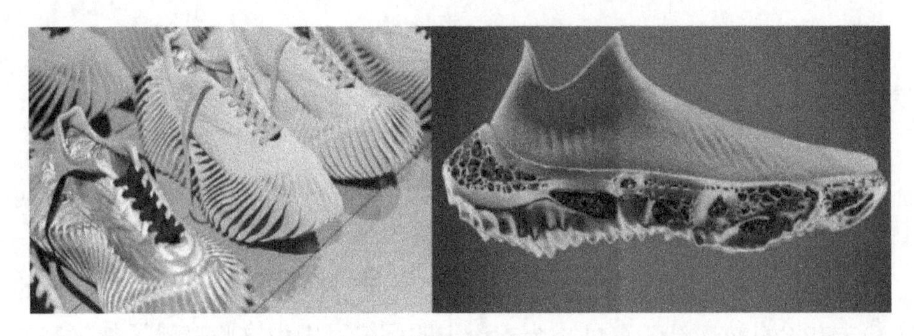

图 3-28　采用多射流熔融技术制作的 3D 打印概念鞋

2. 电竞领域

加拿大初创公司 Formify 与 Hubs. com 的 3D 打印专家合作，使用了多射流熔融打印技术，开发定制了轻巧符合人体工程学的游戏鼠标（见图 3-29），以提高玩家的舒适度和控制力。

3. 消费品行业

HP 公司与体育用品和眼镜行业的客户合作，广泛采用多射流熔融技术。例如，全球著名的运动品牌 Oakley 采用该技术正在缩短其眼镜及其他运动装备的产品开发阶段，北美户外运动品牌 Smith 为 I/O MAG Imprint 滑雪护目镜

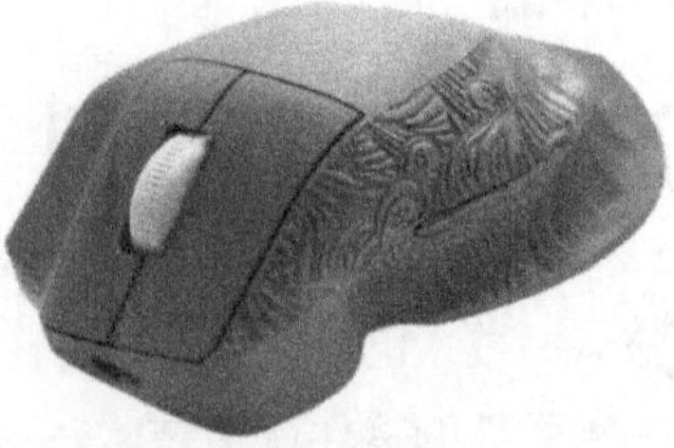

图 3-29　游戏鼠标

定制的 3D 打印框架被评为《时代》杂志 2022 年最佳发明之一（见图 3-30）。

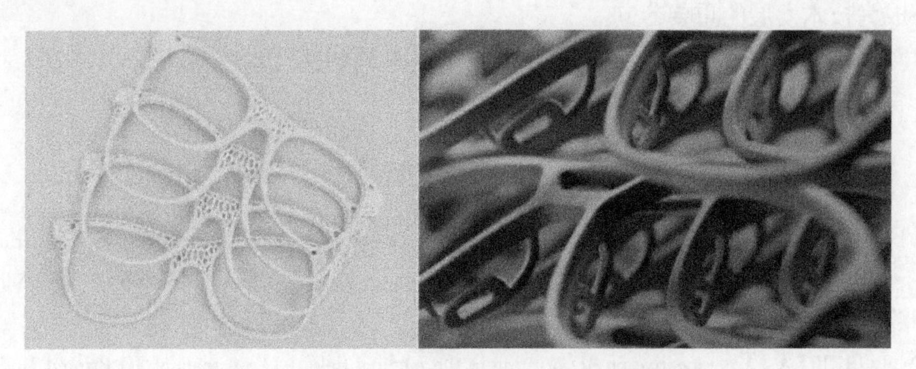

图 3-30　采用多射流熔融技术打印的眼镜框架

4. 医疗科技

在医疗和牙科行业中，3D 打印应用和大规模个性化产品正呈现爆炸式增长。例如，田纳西州纳什维尔的远程牙科公司（SmileDirectClub，已于 2023 年 9 月申请破产）拥有 60 台 HP Multi Jet Fusion 打印机，全天候工作来制作定制牙科模具。此外，HP Jet Fusion 3D 打印机也正在改变矫形器行业，并实现了可定制医疗假肢的生产。英凡特医疗集团公司（Invent Medical）使用 HP 惠普尼龙白色 PA12 材料制造定制矫形器和假肢设备，为儿科护理提供新的打印后着色可能性。

3.6.7　多射流熔融的发展趋势

未来，多射流熔融技术将在制造业中扮演着日益重要的角色。随着科学技术的不断进步，这项技术发展趋势如下：

（1）材料创新与多样化　随着材料科学的不断发展，多射流熔融技术将能够适用于更广泛的材料范围，包括金属、塑料、陶瓷等。这将为制造业带来更多样化的选择，满足不同行业的制造需求。

（2）精密度和表面质量的提升　未来的多射流熔融技术将实现更高水平的制造精度和更优质的表面质量，从而制造出更加精密、光滑的零部件。这将使该技术在航空航天、医疗器械等高端领域的应用更加广泛。

（3）智能化制造　随着人工智能和自动化技术的不断成熟，多射流熔融技术将迈向智能化制造。自动化生产线、智能监控系统和在线质量检测等新技术的应用将提高生产率和产品质量。

（4）环保和可持续发展：未来的多射流熔融技术将更加注重环保和可持续

发展。采用更环保的材料和工艺，减少能源消耗和废弃物排放，实现绿色制造，将成为技术发展的重要方向。

这些发展前景显示出多射流熔融技术在未来制造业中的巨大潜力，将为相关行业带来更多创新和发展机遇。

参考文献

[1] ANANTH K P，JAYRAM N D. A comprehensive review of 3D printing techniques for biomaterial-based scaffold fabrication in bone tissue engineering [J]. Annals of 3D Printed Medicine，2023：100141.

[2] BORETTI A. A perspective on 3D printing in the medical field [J]. Annals of 3D Printed Medicine，2024，13：100138.

[3] MYSHECHKIN A A，LIM A A. Research and improvement of fused deposition modeling of nylon 12 products [J]. Steel in Translation，2023，53 (9)：738-741.

[4] 王延庆，张存生，郝敬宾，等. 3D 打印实用技术 [M]. 北京：化学工业出版社，2023.

[5] KYLE E，ANDREW P K，OLAF D. Flexible and multi-material intrinsically conductive polymer devices fabricated via DLP and DIW additive manufacturing techniques [J]. Rapid Prototyping Journal，2023，29 (10)：2164-2175.

[6] SHAMIMA K，GUFRAN A. Rapid prototyping of 3d printed micropillars using fused filament fabrication technique for biomedical applications [J]. Rapid Prototyping Journal，2023，29 (10)：2272-2284.

[7] REZGAR H，PEYMAN M，TAHER A，et al. Biocompatible tissue-engineered scaffold polymers for 3D printing and its application for 4D printing [J]. Chemical Engineering Journal，2023，146616.

[8] 王晓燕，朱琳. 3D 打印与工业制造 [M]. 北京：机械工业出版社，2019.

[9] GARCÍA-DOMÍNGUEZ A，AYLLÓN J，RODRÍGUEZ-PRIETO A，et al. Determination of suitable geometrical ranges for the manufacture of microfluidic channels by low-cost additive manufacturing techniques [J]. Key Engineering Materials，2023，958：3-11.

[10] 蒋友宝. 3D 打印技术与创新应用 [M]. 北京：科学出版社，2023.

第 4 章 金属 3D 打印工艺

3D 打印技术作为一种革命性的制造工艺，正在逐渐改变着传统制造业的格局。在金属材料领域，金属 3D 打印工艺更是展现出了巨大的潜力。它通过逐层堆积金属材料，实现复杂零件的快速制造。本章将介绍金属 3D 打印工艺的几种主要方法，包括选区激光熔化、电子束熔化、激光近净成形、电子束熔丝沉积和电弧增材制造。通过深入了解这些工艺，读者将能够更好地理解金属 3D 打印技术的原理、应用和潜在优势。

4.1 选区激光熔化

选区激光熔化（selective laser melting，SLM）工艺是一种直接成形金属构件的方法，它基于 3D 打印的基本思想，通过逐层添加的方式，根据 CAD 数据直接成形具有特定几何形状的零件。该工艺方法与选区激光烧结的基本原理一致，但与选区激光烧结不同之处在于采用大功率激光器将铺层后的金属粉末直接烧熔，而无须像金属粉末选区激光烧结那样需要粉末冶金的烧结工序才能最终形成金属结构件。

该技术突破了金属结构件传统的去除加工或成形加工概念，采用添加材料的方法成形零件，几乎没有材料浪费问题。成形过程不受零件复杂程度的限制，因此具有很大的柔性，特别适合单件、小批量产品，尤其是医学植入体的制造。

4.1.1 选区激光熔化的发展历程

选区激光熔化技术是一种新型的增材制造技术，利用高能激光热源将金属粉末完全熔化后快速冷却凝固成形，从而得到高致密度、高精度的金属零部件。该技术的思想来源于选区激光烧结技术，并在其基础上得以发展。德国

Fraunhofer 激光技术研究所最早深入探索了激光完全熔化金属粉末的成形，并于 1995 年首次提出了选区激光熔化技术。随着激光技术的发展，直到 2000 年以后，光纤激光器制造技术成熟并引入选区激光熔化设备中，其制件的质量才有了明显的改善。美国 3D Systems 公司推出的 sPro 250 选区激光熔化商用 3D 打印机使用高功率激光器，根据 CAD 数据逐层熔化金属粉末，以创建功能性金属部件。国外还有很多高校及科研机构进行选区激光熔化设备的自主研发。在国内，华中科技大学、华南理工大学、西北工业大学和北京航空制造研究所等单位也在进行选区激光熔化设备的研发。

4.1.2 选区激光熔化的工艺原理及流程

1. 工艺原理

选区激光熔化与选区激光烧结的基本原理相似（见图 4-1），二者都是采用激光作为热源，原材料都是粉末，都是利用激光束对粉床中铺好的粉末进行照射，但选区激光熔化使用的是具有较短波长的大功率激光器，主要是波长为 1.09μm 的光纤激光器，以及波长为 1.064μm 的 Nd：YAG 激光器。由于金属粉末对短波长激光的吸收率比较高，因此选区激光熔化技术的激光能量密度高，能够将金属粉末直接熔化，熔化后的金属形成熔池。随着激光束的移动，熔化的金属迅速冷却，实现金属零件的直接制造。由于激光使粉末完全熔化，因此选区激光熔化技术一般需要添加支撑结构。

选区激光熔化金属 3D 打印技术的主要核心部件包括 3D CAD 软件、激光扫描系统、金属粉末喷粉系统、加热器和冷却器等。其中激光束、金属粉末和基板是关键的组成部分。

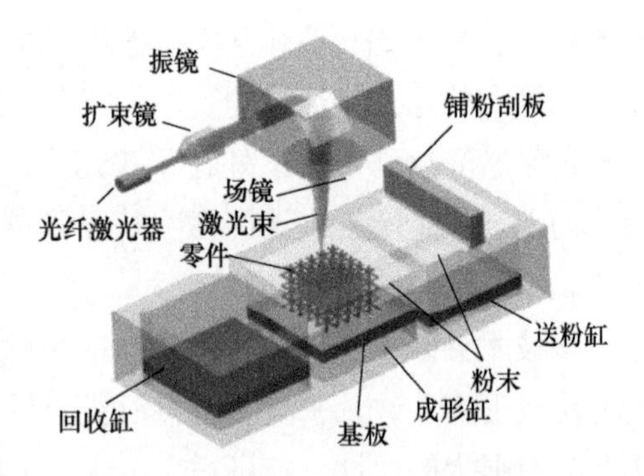

图 4-1 选区激光熔化的工艺原理

在选区激光熔化金属 3D 打印过程中，首先将 CAD 模型经过切片软件切割成一系列的截面；然后将金属粉末均匀地喷洒在基板上，通过激光束照射金属粉末，选择性地加热粉末，使其熔化成液态；随后激光器移动到下一个层面，再次进行扫描和加热，直到全部层面完成，最终形成所需的 3D 打印零件。

2. 工艺流程

（1）零件模型 CAD 建模　首先，根据需求进行 CAD 建模，设计所需的零件模型。在建模过程中，应考虑物理性能和力学性能等方面因素。

（2）选区激光熔化参数设置　在进行选区激光熔化金属 3D 打印过程之前，应合理设置选区激光熔化参数。参数设置包括激光功率、扫描速度、激光扫描线密度等。不同材料的参数设置也各有不同。

（3）金属粉末预处理　在进行金属 3D 打印前，应对金属粉末进行预处理，包括筛选、加热、干燥等过程，以确保金属粉末的均匀性和稳定性。

（4）铺粉　经过预处理后，将金属粉末均匀喷洒在基板上。铺粉时，应保证粉末喷撒均匀、紧密排列，并控制喷撒厚度。

（5）选区激光熔化打印　进行激光扫描和加热金属粉末，使其熔化并形成一层；然后基板下降一个层厚，新的一层金属粉末被喷洒到上一层之上；重复激光扫描和加热，熔化并形成完整的 3D 打印零件。

（6）后处理　完成打印后，进行后处理，包括残留粉末清理、去除支撑结构、抛光、热处理等。

4.1.3　选区激光熔化的材料

选区激光熔化使用的成形材料主要是各种金属粉末，包括钛基合金、铁基合金、镍基合金等。这些材料均具有较高的激光吸收率，金属粉末能够吸收大部分的激光能量，故较易熔化。

粉末颗粒的纯度、粒度及粒度分布、球形度、流动性、松装密度等指标对选区激光熔化工艺的打印过程与所打印工件的性能影响很大。

为了保证粉末纯度，对金属粉末的氧、氮、碳等杂质元素的含量要严格控制。例如，钛合金粉末随着氧含量的增加，其塑性会大幅度下降。因此，钛合金粉末中氧的质量分数一般应控制在 0.15%以下，氮的质量分数应控制在 0.05%以下，碳的质量分数应控制在 0.08%以下。

选区激光熔化工艺每层粉末的厚度一般是粉末直径的 2~6 倍。如果粉末粒度大，所铺设粉末的层厚变大，每次打印的厚度增加，打印精度就会下降。为保证打印精度，选区激光熔化工艺一般采用粒径在 15~60μm 之间的粉末。有些研究将粗粉与细粉混合，细粉在混合后填入粗粉的空隙中，具有较宽的粒度分布，能有效提高粉末的打印性能。

粉末的球形度是衡量粉末颗粒与圆相似度的指标，其值在 0~1 之间。球形度的大小对颗粒的流动性、松装密度、堆积性能、铺粉性能都有直接影响。粉末球形度高，铺粉时粉末均匀，打印出的工件致密度高。

粉末流动性是以一定量粉末流过规定孔径的标准漏斗所需要的时间来表示的，其数值越小说明该粉末的流动性越好。流动性好的粉末在铺粉时容易均匀铺开，有助于减少打印缺陷，增加打印工件的致密度。粉体的流动性受粉末球形度、粒度、表面粗糙度等多种因素的影响。球形度越高，粉末颗粒相互之间的接触面积越小，流动性越好。粉末粒度越小，则粉末比表面积越大，粉末颗粒之间分子引力、静电引力作用逐渐增大，降低粉体颗粒的流动性；其次，粉末粒度越小，粉末颗粒间越容易吸附、聚集成团，黏结性增大，导致休止角增大，流动性变差；再次，粉末粒度小，颗粒间容易形成紧密堆积，使得透气率下降，压缩率增加，流动性下降。因此，应在粒度和流动性之间进行综合考虑。此外，表面粗糙度值越小的粉末流动性越好。

粉末松装密度是粉末在规定条件下自由充满标准容器后所测得的堆积密度，即粉末松散填装时单位体积的质量，是粉末多种性能的综合体现。影响粉末松装密度的因素很多，如粉末粒度及粒度分布、粉末球形度、颗粒表面粗糙度、空心粉率等。采用密度较高的粉末、球形度高的粉末、较大的粒度或较宽的粒度分布，均有利于提高粉末的松装密度。

4.1.4 选区激光熔化的设备

选区激光熔化设备主要由光路单元、机械单元、控制单元、软件系统等组成。光路单元主要包括光纤激光器、扩束镜、反射镜、扫描振镜、聚焦透镜等。机械单元主要包括铺粉机构、成形缸、粉料缸、气体净化系统等。选区激光熔化属于典型的数控系统，其控制单元包括激光束扫描控制系统和设备控制系统。

国外知名的选区激光熔化设备制造商包括德国 Concept Laser 公司、德国 Realizer 公司、德国 SLM Solutions 公司、英国 Renishaw 公司等。国内选区激光熔化设备制造商包括西安铂力特增材技术股份有限公司、湖南华曙高科技股份有限公司、武汉华科三维科技有限公司、江苏永年激光成形技术有限公司、广州雷佳增材科技有限公司等。

4.1.5 选区激光熔化的优缺点

选区激光熔化的优点如下：

1）能够直接制造金属工件，省掉了间接金属制造的中间环节。

2）制造的金属工件具有高的致密度、优异的力学性能。

3）可以制备精度较高的工件。

4）选材广泛，理论上任何粉末材料都能够被大功率激光器熔化。

选区激光熔化的缺点如下：

1）受激光器功率和扫描振镜偏转角度的限制，选区激光熔化设备能够成形的零件尺寸有限。

2）由于使用大功率的激光器与高质量的光学设备，机器制造成本较高。

3）选区激光熔化工艺加工速度偏低。

4）加工过程中，容易出现球化、翘曲等现象。

4.1.6　选区激光熔化的质量问题

选区激光熔化技术利用大功率激光束将金属粉末在热作用下完全熔化后再冷却凝固，进而成形工件，其物理化学冶金过程很复杂，引起工件质量问题的原因也很多，如粉末球化、热应力、裂纹、孔隙等。粉末球化现象是选区激光熔化技术中普遍存在的一个问题，它是指金属粉末被激光熔化后不能均匀铺展成一条连续平滑的扫描线，而是形成大量彼此隔离的金属球。粉末球化现象影响工件的成形质量，易导致金属工件内部产生大量孔隙并增大工件表面粗糙度值，甚至阻碍铺粉过程的正常进行。由于选区激光熔化是一个局部快速熔化—凝固的过程，这种局部受热使工件产生热应力，引起工件的热变形并易产生裂纹。粉末球化、裂纹及过程中使用的保护性气体都使选区激光熔化过程中易形成孔隙，降低工件的力学性能和力学性能。

研究以上质量问题产生的原因，应考虑以下几个方面：

1）金属粉末颗粒的影响，包括粉末的制备方式、组成成分、物理化学特性，以及粉末颗粒的形状、粒径分布等。

2）工艺参数的影响，包括粉末层厚、激光功率、扫描路径、扫描速度、扫描间距等。

3）选区激光熔化设备的影响。

4）进行恰当的后处理有助于改善工件的上述质量缺陷。后处理工序主要有退火、热等静压、固溶时效、抛光、渗碳等，其中退火的主要目的是减小零件内部的残余应力，热等静压则可以减少组织内部的孔隙。

4.1.7　选区激光熔化的应用

选区激光熔化技术在航空航天、汽车、医疗、工业制造等领域都有着广泛的应用前景。采用选区激光熔化技术，可以制造出复杂的、不规则形状的金属零件。并且，选区激光熔化技术可以打印多种金属材料，包括钛合金、不锈钢、铝合金、镍基合金等。

1. 在航空航天领域

选区激光熔化技术可以制造出类似于涡轮叶片这样的复杂结构零件，并且可以整体成形，减少了连接处的弱点。在医疗领域，选区激光熔化技术可以制造出个性化的医疗器械和假肢等。在工业制造领域，选区激光熔化技术可以制造出大批量、复杂形状、高精度的金属零件和工具，提高了生产率和生产质量。国外航空航天领域采用激光选区熔化技术打印的零部件，如图 4-2 所示。

图 4-2 采用选区激光熔化技术打印的零部件

2. 医疗领域

选区激光熔化技术可以制造高精度和个性化的医疗设备，如人工骨骼和人工牙齿（见图 4-3）。这些设备可以完全适应患者的身体结构，提高手术效果和减少并发症。

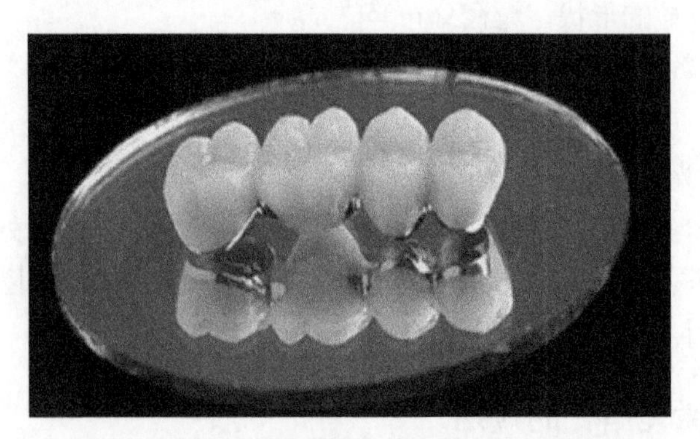

图 4-3 采用选区激光熔化技术打印的人工牙齿

3. 汽车领域

在 3D 打印技术众多的应用领域中，汽车行业是 3D 打印技术最早的应用者之一。采用选区激光熔化技术打印的汽车金属零件如图 4-4 所示。该技术在降低成本、缩短周期、提高生产率、生产复杂零件等方面具有优势。

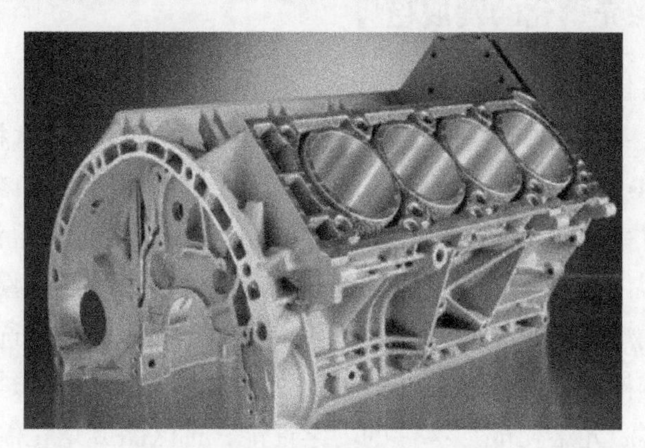

图 4-4　采用选区激光熔化技术打印的汽车金属零件

4. 模具行业

选区激光熔化技术在模具行业中的应用范围广泛，包括冲模、锻模、铸模、挤压模、拉丝模和粉末冶金模等。Mahshid 等利用选区激光熔化技术成功打印了带有随形冷却通道的结构件，并进行了工件强度测试。设计了四种不同的结构：实体、空心、晶格结构和旋转的晶格结构，然后分别进行了压缩试验（见图 4-5）。结果显示，相对于实体结构，带有晶格结构的样件强度略有降低；而相对于中空结构，带有晶格结构的样件强度并没有明显增加。另外，Armillotta 等也采用选区激光熔化技术成功成形了带有随形冷却通道的压铸模具。试验结果表明，随形冷却的应用减少了喷雾冷却次数，提高了冷却速度，使冷却效果更加均匀，提高了铸件表面的质量，同时缩短了周期时间并且避免了缩孔现象的发生。

5. 其他行业

选区激光熔化技术在珠宝、家电、文化创意和创新教育等领域的应用越来越广泛。采用选区激光熔化技术打印的珠宝首饰具有高密度和复杂的几何形状，支持多自由度设计，更能突显珠宝首饰的个性化和定制化特点，为消费者提供更多选择。此外，选区激光熔化技术在文化创意和创新教育领域也有着广

图 4-5　采用选区激光熔化技术打印的压缩模型

阔的发展前景。

4.1.8 选区激光熔化的发展趋势

选区激光熔化的发展趋势如下：

（1）轻量化结构设计　在航空航天、汽车工业和医学人体植入物等领域，对轻量化结构的需求逐渐增加。传统加工工艺中制造的轻量化结构需要预先设计好模具再进行铸造和后续减材加工，这不仅耗费时间，而且经济成本也较高。采用选区激光熔化方法可以直接成形更复杂、自由度更高的轻量化结构件。国内外对选区激光熔化轻量化结构设计的研究已有很多。目前，选区激光熔化技术在轻量化结构设计上的应用还有很多问题需要解决。通过改进设备和工艺参数可以提高选区激光熔化成形零件的力学性能，选区激光熔化制造的轻量化结构在工业中的应用将会更加广泛。

（2）免组装机构设计　传统机械加工通常需要先制造单个零件再装配为一个部件。采用选区激光熔化技术可以将设计好的部件一次直接成形，大大地减少了传统加工所要耗费的时间，降低了经济成本。与传统机构一样，部件间配合是选区激光熔化成形免组装机构的重大影响因素之一，因此应优化成形件倾斜角度、设备铺粉层厚及能量输入等参数。

（3）支撑结构优化　支撑结构设计是选区激光熔化中需要研究的问题。对于一些设计结构简单的金属零件，可以不设计支撑结构，直接在基板上成形，然后线切割取下，但无法保证金属零件和基板接触面的尺寸精度及表面粗糙度。而对于一些外形复杂、结构自由度高的金属零件，就必须用支撑结构。不良支撑在选区激光熔化过程中会给零件带来应力不均匀，引起翘曲变形。支撑结构的设计还要考虑支撑的拆除，拆除支撑对金属零件表面粗糙度和尺寸精度的影响较大，尤其是一些结构件的内部支撑。结构件的内部多为一些悬垂结构，很多学者都对选区激光熔化技术成形悬垂结构进行了研究。刘婷婷等对选区激光熔化成形悬垂结构特征进行了研究，分析了熔池变化与悬垂角度间的关系，对比了不同试验条件下的表面成形质量。

（4）增减材复合加工　选区激光熔化技术能够直接制造冶金结合良好、组织致密度高、尺寸精度高和力学性能良好的功能零件。利用现有的选区激光熔化设备与传统的高精密铣削数控系统，构成一个复合加工整体系统。选区激光熔化成形完金属零件后，采用高精密铣削刀具对支撑进行拆除，并直接对其进行表面处理而无须将其取出，金属零件的成形精度会在现有水平的基础上大大提高。选区激光熔化技术在未来制造工业中的应用会更广泛。

（5）大型设备开发　传统制造业中有很多大型加工件，例如大型航空件、汽车零件或船舶部件。在保证成形精度的情况下，加大设备的加工平台必须克服很多技术难关。随着选区激光熔化设备和软件技术的发展，大型选区激光熔化设备的开发会是选区激光熔化技术的一个发展趋势。相关企业已经发布了多款大尺寸、超多激光选区激光熔化金属3D打印装备。例如：西安铂力特增材技术股份有限公司推出了BLT-S1500，成形尺寸为1500mm×1500mm×1200mm，配备26束激光器，最大成形效率可达900cm^3/h；江苏永年激光成形技术有限公司开发的YLM-1200 3D打印机，具有1200mm×1200mm×1200mm的成形空间，配备36束激光。

（6）实时监测及反馈　成形金属零件的缺陷往往处于零件内部，它们会严重制约零件的力学性能，故选区激光熔化成形过程中的实时监测及定位缺陷研究很有必要。Grasso等提出了一种空间检测识别方法，在逐层打印过程中，利用机器视觉系统检测缺陷，然后用计算机对图像数据进行分析处理并加以反馈，控制系统快速调整加工参数，极大改善了选区激光熔化成形质量。

4.2 电子束熔化

电子束熔化（electron beam melting，EBM）技术也称电子束选区熔化（electron beam selective melting，EBSM）技术，是20世纪90年代中期发展起来的一种采用高能高速的电子束在真空环境中选择性地轰击金属粉末，从而使粉末材料熔化成形的一种增材制造技术。

4.2.1 电子束熔化的发展历程

电子束熔化技术具有能量利用率高、无反射、功率密度高、扫描速度快、真空环境无污染、残余应力低等优点，适于活性、难熔、脆性金属材料的增材制造，在航空航天、生物医疗、汽车、模具等领域具有广阔的应用前景。

2003年，瑞典Arcam公司推出了全球首台电子束熔化的商业化设备EBM-S12。在国内，清华大学申请了我国最早的电子束熔化装备专利20041000948.X，并研制了具有自主知识产权的EBSM-150和EBSM-250系统。2018年1月，国内首台最新一代开源电子束金属3D打印机QbeamLab在清华大学天津高端装备研究院发布。

4.2.2 电子束熔化的工艺原理及流程

1. 工艺原理

在真空条件下，利用电子束的极高能量密度，电子束熔化成形工艺能够迅速冲击工件表面的极小面积，将大部分能量转变为热能，使工件材料局部达到上千摄氏度的高温，从而引起局部熔化和汽化，而被汽化的部分则被真空系统抽走。其工艺原理如图4-6所示。首先，在铺粉平面上铺展一层粉末并压实，电子束通过加热到2500℃以上高温的丝极被释放出来，然后通过阳极加速，聚焦线圈控制电子束聚焦，偏转线圈在计算机控制下控制电子束偏转按照截面轮廓信息进行扫描，轰击在金属粉末表层上的电子束的动能转化为热能，上千摄氏度的高温瞬间将金属粉末熔化而随后冷却成形。电子束能量通过电流来控制，扫描速度可到1000m/s，精确度可达±0.05mm，粉层厚度一般为0.05~0.20mm。

相比选区激光烧结和选区激光熔化工艺，电子束熔化工艺在真空环境下成形，大大降低了金属氧化的程度；真空环境同时也提供了一个良好的热平衡系统，增加了成形的稳定性，提高了成形速度。

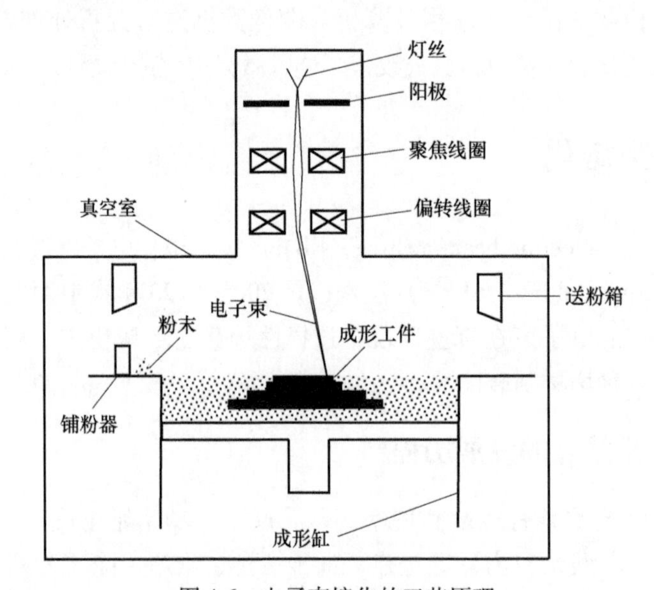

图4-6　电子束熔化的工艺原理

2. 工艺流程

1）用户通过软件设计或扫描获取三维零件文件，并使用分层软件将其分割为设定厚度的文件层片。分层文件包含填充线间距和电子束扫描轨迹等信息。

2）需要对设备进行预热处理，提高粉末层温度，从而形成烧结颈并提高粉末的稳定性。温度稳定后，使用真空环境下的高能电子束流作为热源，直接作用于粉末表面，在前一层增加材料或基材上形成熔池。一层加工完成后，工作台下降一个层厚的高度，再进行下一层铺粉和熔化。新加工层与前一层熔合为一体，重复此过程直至加工完成。

3）制件成形完成后，应等待真空室的温度降下来，以避免金属材料氧化。真空室温度降低后，打开真空室，取出成形制件，去除其上附着的金属粉末即可。如果粉末飞溅等原因导致制件表面不光滑，应进行后加工。

4.2.3 电子束熔化的材料

目前已经商业化的电子束熔化金属粉末材料包括钛合金、钴铬合金、镍基高温合金、不锈钢、高合金工具钢、钛铝合金、铝合金、铜合金、铌合金、纯铜、高熔点金属等多种金属及合金材料。由于电子束能量较高，因此使用的粉末粒径较粗。

4.2.4 电子束熔化的设备

目前电子束熔化设备的主要制造商包括瑞典 Arcam 公司（已于 2016 年被美国 GE 公司收购），以及国内的清研智束科技有限公司、西安赛隆金属材料有限责任公司、西安智熔金属打印系统有限公司等。

电子束熔化设备通常由以下几个主要部分组成：

1. 电子束枪

电子束枪用于产生高能量的电子束，是电子束熔化设备的核心部件。电子束枪通过磁场来控制电子束的方向和聚焦。

2. 真空室

真空室用于维持设备内部的高真空环境，以避免电子束与空气分子相互作用导致能量散失和零件质量降低。

3. 粉末供给系统

粉末供给系统负责将金属粉末逐层均匀地铺设到制造平台上，供电子束熔化。

4. 制造平台（构建台）

零件在制造平台（构建台）逐层建造。通常制造平台可以在垂直方向移动，以便在完成一层之后降低特定的高度，开始铺设下一层粉末。

5. 控制系统

控制系统包括软件和硬件，用于改变电子束参数，控制设备运行，监控制造过程，并根据三维模型数据指导电子束沿预定轨迹移动熔化粉末。

6. 冷却系统

由于电子束熔化过程中会产生大量热能，冷却系统负责维持设备关键部件的温度，确保其正常工作。

4.2.5 电子束熔化的优缺点

电子束熔化的优点如下：

1）电子穿透深度比光子大 3 个数量级，电子束熔化的效率是选区激光熔化的 3 倍以上。

2）功率大，扫描速度快，电子束熔化粉末材料时的扫描速度可以超过 10m/s。

3）相对于选区激光熔化工艺，电子束熔化的粉末粒径较粗，一般在 45～105μm 之间，粒径太细的粉末会增加“吹粉”的风险。粉末粒径越粗，往往价格越低，因此电子束熔化的粉末更加经济。

4）在无污染的真空环境中成形，成形件保持了原始粉末成分，这在其他快速成形技术中难以实现。

5）成形过程无须消耗保护气体，完全隔离了外界环境干扰，不必担心金属在高温下氧化的问题。

6）成形件组织密度极高，可达到 100%的相对密度。由于成形过程在真空中进行，成形件内部通常没有气孔，其内部组织呈现出快速凝固的形态，其力学性能甚至能超过锻件。

7）成形过程中可使用粉末作为支撑，通常无须额外添加支撑。这省去了成形前 CAD 数据准备时添加支撑的步骤，后期也无须去除支撑，大大节省了成形时间。

电子束熔化的缺点如下：

1）需要一套专用的真空系统，价格较高。

2）成形前要长时间抽真空，成形准备时间很长；抽真空消耗相当多电能，占去了大部分功耗。

3）由于电子束束斑直径大（180～400μm），粉末粒径粗，铺粉层厚，因此电子束熔化成形的加工精度低于激光选区熔化成形，表面粗糙度值高于激光选区熔化成形。

4）真空室的四壁必须高度耐压，一般应采用厚度达 15mm 以上的优质钢板焊接密封成真空室，这使整机的质量比其他 3D 打印直接制造设备大很多。

5）为保证电子束发射的平稳性，成形室内要求高度清洁，因而在成形前，必须对真空室进行彻底清洁，即使成形后，也不可随便将真空室打开。这也给工艺调试造成了很大的困难。

4.2.6　电子束熔化的质量问题

在电子束熔化过程中，容易出现吹粉、球化等现象，导致工件易产生分层、变形、开裂、气孔等质量缺陷。

吹粉是电子束熔化成形过程中存在的现象，它是指金属粉末在成形熔化前即已偏离原来的位置甚至粉末全面溃散，从而导致成形过程无法进行。目前国内外对吹粉现象形成的原因还未形成统一的认识，已有研究认为：①高速电子流轰击金属粉末引起的压力是导致金属粉末偏离原来位置形成吹粉的原因；②德国奥格斯堡 IWB 应用中心的研究小组对吹粉现象进行了系统的研究后指出，除高速电子流轰击金属粉末引起的压力外，电子束轰击导致金属粉末带电，使粉末与粉末之间、粉末与底板之间，以及粉末与电子流之间存在相互的排斥力，排斥力超过一定值时，粉末在被电子束熔化之前就离开了原位置，产生吹粉现象。已有研究表明，对粉末进行预热是避免吹粉的有效方法。

球化现象是电子束熔化和激光选区熔化成形过程中普遍存在的现象，它是指金属粉末熔化后未能均匀地铺展，而是形成大量彼此隔离的液态金属球。球化现象的出现影响成形质量，导致内部孔隙，严重时还会阻碍铺粉过程的进行。

电子束熔化过程中，电子束迅速移动，粉末加热、熔化、凝固和冷却速度快，粉末的温度随时间和空间急剧变化，产生热应力、凝固收缩应力和相变应力。当应力水平超过材料的许用强度时，将导致工件发生翘曲变形甚至开裂。采用预热来提高温度场分布的均匀性，是解决变形和开裂的有效方法。

采用惰性气体雾化球形粉末作为原料时，在气雾化制粉过程中会形成一定含量的空心粉。由于电子束熔化和凝固速度较快，空心粉中来不及逃逸的气体就会在成形工件中残留并形成气孔。

已有研究表明，采用粉末预热、优化扫描路径和成形工艺参数等方法，能够有效地减少和避免以上质量缺陷，提高工件的成形质量。

4.2.7　电子束熔化的应用

1. 医疗领域

随着骨科植入物等医疗器械的复杂性不断增加，电子束熔化实现了更多的设计自由度，同时满足了医疗行业对卓越力学性能的要求。除了髋臼杯，其他大型骨科植入物，如股骨膝关节组件、胫骨托、膝关节和脊柱笼，都是在电子束熔化设备上制造的。例如，4WEB Medical 制造了一系列脊柱桁架植入物（见

图 4-7)，这些植入物基于多种设计集成并根据机械生物学原理开展工作，细胞和组织的机械特性有助于发育、细胞分化、增殖和愈合。

图 4-7　采用电子束熔化技术打印的脊柱桁架植入物

2. 航空航天领域

除了医疗植入物，航空航天领域是电子束熔化的另一个主要市场，各种私人、商用和军用飞机的喷气发动机涡轮叶片均可以采用该技术大规模生产。配备这些 3D 打印叶片的喷气发动机包括 LEAP、GEnx、GE90 和 GE90。负责这项工程的核心公司之一是米自意大利的通用航空公司的子公司 Avio Aero，他们与瑞典 Arcam 和美国 GE 公司合作，在 Arcam EBM 机器上制造成品涡轮叶片（见图 4-8)。

图 4-8　采用电子束熔化技术打印的涡轮叶片

涡轮叶片成功的秘诀在于电子束熔化能够处理高温和易开裂的材料，如铝化钛（TiAl)，这种材料比通常制成叶片的镍合金轻 50%。一套完整的 3D 打印涡轮机可以减小多达 20%的发动机质量，这相当于航空航天领域的一次飞跃。此外，电子束可以熔化比激光粉末床熔化更厚的料层。

4.2.8　电子束熔化的发展趋势

电子束熔化技术具有广阔的应用前景和发展潜力，其发展趋势如下：

(1) 制造复杂结构零件　电子束熔化技术可以实现复杂结构零件的制造，包括内部结构复杂、几何形状复杂的零件，为航空航天、医疗器械等领域提供了新的设计和制造可能性。

(2) 材料范围扩展 随着对材料性能和多功能性的需求不断增长，未来电子束熔化技术将会扩展到更多种类的金属合金、陶瓷和复合材料，以满足不同行业的需求。

(3) 数字化制造和定制化生产 电子束熔化技术可实现数字化制造，将设计文件直接转化为实体零件，实现快速、灵活的定制化生产，为个性化定制和小批量生产提供可能。

(4) 智能化制造和自动化生产 未来电子束熔化技术将结合人工智能、大数据和物联网等技术，实现智能化制造和自动化生产，提高生产率和质量控制水平。

(5) 可持续发展和循环利用 电子束熔化技术可以实现材料的精确加工和利用，减少材料浪费，符合可持续发展理念，有助于推动循环经济发展。

4.3 激光近净成形

激光近净成形（laser engineered net shaping，LENS）属于定向能量沉积（directed energy deposition，DED）技术的一种。所谓定向能量沉积技术，是指利用聚焦热能（如激光束、电子束、电弧、等离子束）将材料同步熔化沉积的增材制造工艺。

4.3.1 激光近净成形的发展历程

20世纪90年代以来，以激光作为热源，采用同步送粉激光熔化沉积方法生成致密金属零件的技术在世界范围内引起了广泛关注。多个研究机构对该技术进行了研究并相继研发出了一系列工艺，如激光近净成形（laser engineered net shaping，LENS）、直接金属沉积（direct metal deposition，DMD）、激光金属沉积（laser metal deposition，LMD）、直接激光制造（direct light fabrication，DLF）、激光固化（laser consolidation，LC）、激光粉末沉积（laser powder deposition，LPD）、激光沉积（direct laser deposition，DLD）、激光直接制造（direct laser fabrication，DLF）、激光快速成形（laser rapid forming，LRF）、激光立体成形技术（laser solid forming，LSF）等。这些技术名称虽然不同，但基本技术原理却是相同的，都是基于同步送粉激光熔覆的增材制造技术。

激光近净成形由美国桑迪亚国家实验室（Sandia National Laboratory）的David Keicherin于20世纪90年代研制。1997年，David Keicherin加入美国Optomec 公司，并将该技术进行了商业化开发和推广。

4.3.2 激光近净成形的工艺原理及流程

1. 工艺原理

激光近净成形技术利用高能量密度的激光束加热金属粉末，使其熔化并与基材表面熔合。首先，使用 CAD 软件设计所需的零件模型，并将其转化为激光近净成形设备可以识别的数据。然后，将金属粉末注入激光近净成形设备的喷嘴中，通过气体喷射将金属粉末聚集在工件表面的特定位置。接下来，激光束被聚焦到一个极小的点上，产生高温区域。光束的功率和扫描速度可以根据材料特性和成形零件要求进行调节。当激光束照射金属粉末时，金属粉末迅速吸收激光能量，温度迅速升高，达到熔化点并开始熔化。同时，激光束在工件表面形成一个熔池，其中的金属粉末熔化并与基材表面熔合。随后，熔池温度逐渐降低，熔化金属开始凝固。随着激光束的扫描移动，新的金属粉末被喷射到熔池中，逐渐沉积形成下一层。通过不断重复这个过程，逐渐沉积形成所需形状的零件。在成形过程中，可以通过控制激光束的参数、扫描路径和金属粉末的注入速度来调节成形零件的质量和性能。

2. 工艺流程

激光近净成形工艺流程与选区激光熔化相似，包括材料准备、工作腔准备、模型准备、加工、零件后处理。

（1）模型准备　将 CAD 模型转换成 STL 文件，并导入激光近净成形设备进行切片处理。

（2）材料准备　准备激光近净成形用金属粉末、基板和工具箱等。

（3）送料工艺　使用送粉系统将金属粉末准确、稳定地送入光斑内。常用的方法是同轴送粉法，通过多路送粉合成方案实现与激光束同轴输出的圆对称均匀分布的粉末流。

（4）零件打印　激光近净成形技术中的主要工艺参数包括激光功率、扫描速率、光斑直径、送粉量和扫描线间搭接率等。激光功率和扫描速率的适当选择可以影响零件的成形和性能。光斑大小应根据粉末落点大小进行选取。送粉量要稳定、均匀和可控，过大或过小都会影响零件的质量，并且适当的扫描线间搭接率有助于提高制件的几何精度和强度。

（5）零件后处理　激光近净成形零件的表面粗糙度值较高，通常需要进行数控加工以获得最终的零件质量。

4.3.3　激光近净成形的材料

目前激光近净成形技术所用的成形材料包括钛合金、镍基高温合金、铁基合金、铝合金、难熔合金、非晶合金及梯度材料等。金属粉末的粒径及其分布、颗粒的形状等对成形过程都有很大影响。

4.3.4　激光近净成形的设备

激光近净成形设备由大功率激光器、送粉系统、惰性环境保护系统等部分组成。其中，送粉系统由送粉器、传输通道和喷嘴三部分组成，送粉方式分为同轴送粉和单侧送粉。同轴送粉是指用于送粉的喷嘴和激光束共轴，侧向送粉则是从激光束的一侧把粉吹入熔池中。由于同轴送粉能够制造形状复杂的零件，因此激光近净成形工艺中常采用同轴送粉。

4.3.5　激光近净成形的优缺点

激光近净成形的优点如下：

1）与选区激光熔化相比，该工艺成形效率高，适合制造大型的、致密的金属零件。

2）可加工材料范围广泛，在加工高熔点材料、异质材料（功能梯度材料、各种复合材料）等方面有其特有的优势。

激光近净成形的缺点如下：

1）成形过程中热应力大，成形件易开裂，影响成形件的质量和力学性能。

2）由于受到多种因素的影响，成形件的制造精度较低，需要进一步进行机械加工。

3）由于无粉末床的支撑作用，对复杂结构成形较困难，且成形精度较低。

激光近净成形技术适合制作尺寸较大且精度要求不太高的工件，可用于航空航天、汽车、船舶等领域，如制造或修复航空发动机和重型燃气轮机的叶轮叶片，以及轻量化的汽车零部件等。

4.3.6　激光近净成形的质量问题

在激光工程化净成形过程中，高功率激光束与金属粉末、基材相互作用时，材料的熔化、凝固和冷却都是在极快的速度下进行，成形件中易出现应力集中、裂纹、气孔、夹杂、层间结合不良等内部缺陷，降低工件的力学性能，甚至导致工件变形开裂。解决这些问题，需要对激光工程化净成形的工艺机理进行深入的研究。

4.3.7 激光近净成形的应用

1. 航空航天

激光近净成形技术在航空航天领域的应用非常广泛。它可以用于制造航空发动机喷嘴、涡轮叶片等高温、高压零件，并能够实现复杂的内部结构。图 4-9 所示为采用激光近净成形技术打印的飞机机身整体加强框。

图 4-9 采用激光近净成形技术打印的飞机机身整体加强框

2. 汽车制造

汽车制造领域也是激光近净成形技术的主要应用之一。它可以用于制造复杂的汽车零部件，如发动机部件、底盘结构等，提高汽车的性能和安全性。

3. 医疗器械

激光近净成形技术在医疗器械的制造中起着重要的作用。例如，它可以用于制造人工关节、牙科种植体等高精度零件，提高这些高精度零件的适应性和耐久性。

4. 其他领域

除了航空航天、汽车制造和医疗器械等领域，激光近净成形还广泛应用于造船、电子、能源等许多领域，为工业生产带来了翻天覆地的变革。

4.3.8 激光近净成形的发展趋势

随着科学技术的不断发展，激光近净成形技术在制造业领域中获得了广泛的关注。该技术利用激光能量的高集中度和空气感应原理，实现了材料以微米为单位在空间中的精确控制，确保了精细、复杂和柔韧的结构制造成为可能。激光近净成形的发展趋势如下：

（1）个性化定制生产　随着消费者对个性化产品需求的不断增长，激光近净成形技术有望成为解决个性化定制需求的关键技术。通过高度的设计灵活性，可实现个性化零件的批量生产，从而满足个性化定制市场的需求。

（2）材料设计与应用拓展　未来激光近净成形技术在研究材料科学的基础上，将进一步拓展材料的种类，包括传统金属材料、高性能陶瓷、生物材料等。同时，新材料的开发将为激光近净成形应用拓展到航空航天、生物医药、能源产业等领域奠定基础。

（3）进一步提高精度与速度　在不断的研究和实践中，激光近净成形技术的精度和速度也将得到进一步提高，特别是在微纳米级别的精度上实现突破。高精度、高速度将进一步降低生产成本，扩大该技术的应用范围。

（4）智能化与数字化发展　与传统的制造过程相比，激光近净成形技术具备很强的可控性和自适应性。在工业4.0和智能制造的大背景下，激光近净成形技术将结合自动化和数字化技术，实现整个制造过程的智能化调控和管理。

（5）绿色制造与资源可持续性　激光近净成形技术具有较低的材料浪费和能耗，有助于资源可持续利用和环境保护。在未来的发展中，激光近净成形技术应积极发展绿色制造，通过增材制造技术的进步，实现资源利用的最大化和生产过程中的环境污染最小化。

（6）跨学科合作与创新　随着激光近净成形技术应用领域的拓展，材料科学、光学、机械工程等多学科之间的合作与交流将愈发频繁，这有利于培养具备跨学科知识和创新能力的人才，为激光近净成形技术的长远发展奠定基础。

4.4　电子束熔丝沉积

电子束熔丝沉积（electron beam freeform fabrication，EBFF）技术，是电子束焊接技术和快速成形思想结合的产物。在真空环境中，高能量密度的电子束轰击金属表面，在前一沉积层或基材上形成熔池，金属丝材受电子束加热融化形成熔滴。随着工作台的移动，使熔滴沿着一定的路径逐滴沉积进入熔池，熔滴之间紧密相连，从而形成新的沉积层，层层堆积，直至制造出金属零件或毛坯。

4.4.1　电子束熔丝沉积的发展历程

电子束熔丝沉积技术是由美国麻省理工学院的V. R. Dave等人最早提出，并试制了镍铬铁合金涡轮盘。2002年，美国航空航天局（NASA）兰利研究中心的K. M. Taminger等人提出了电子束熔丝沉积技术。同期，美国Sciaky公司联合洛克希德·马丁公司、波音公司等合作开展研究，主要致力于大型航空金属零件的制造。北京航空制造工程研究所（中国航空工业第一集团公司第625研究所）于2006年开始研究电子束熔丝沉积技术，开发的电子束熔丝沉积成形设备的真空室体积达46m^3，有效加工范围为1.5m×0.8m×3m，最大可加工零件尺寸达到1.5m×0.5m×2.5m，五轴联动，双通道送丝，成形速度最高可达5kg/h。2012年，采用电子束熔丝沉积成形制造的钛合金零件在国内飞机结构上率先实现了装机应用。2017年3月，西安智熔金属打印系统有限公司发布了我国首台商用熔丝式电子束金属打印系统，开发了电子束熔丝金属3D打印机Zcomplex系列，包括Zcomplex X1、Zcomplex X3、Zcomplex X5小中大三种规格，能打印的材料包括钛及钛合金、镍合金718/625、钽、钨、不锈钢、铝合金等。

4.4.2 电子束熔丝沉积的工艺原理及流程

1. 工艺原理

电子束熔丝沉积成形需要在真空环境进行，利用高能量密度的电子束轰击金属表面形成熔池，金属丝材通过送丝装置送入熔池并熔化，同时熔池按照预先规划的路径运动，金属材料逐层凝固堆积，形成致密的冶金结合，直至制造出金属零件。其工艺原理如图4-10所示。

2. 工艺流程

1）建立CAD三维模型。

2）逐层沉积。使用专用切片软件，进行切片，规划层厚、行走路径和速度、送丝速度等参数。

3）采用电子束发生器作为能量源，在真空环境下通过电子束融化金属线材在工作表面形成熔池，随着熔池在工件表面的移动，离开热源的熔池快速冷却结晶固化，达到零件“近净型”形态。

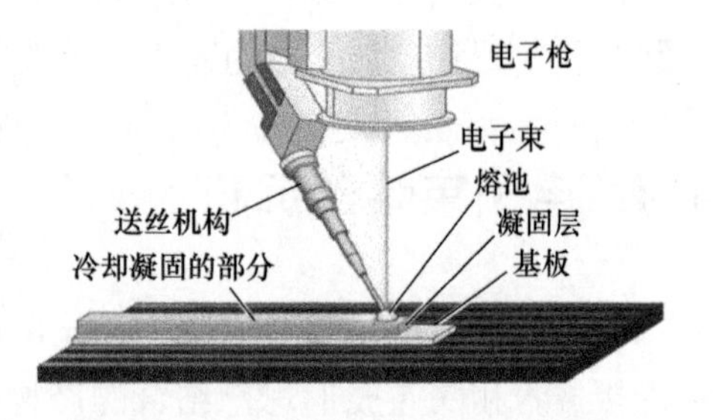

图4-10 电子束熔丝沉积的工艺原理

4）对工件进行热加工处理，以消除内部扭曲应力。

5）对工件进行数控加工及表面抛光，得到最终零件。

4.4.3 电子束熔丝沉积的材料

电子束熔丝沉积技术可以直接成形铝、镍、钛或不锈钢等金属材料，而且可将两种材料混合在一起，也可将一种材料嵌入另一种材料，例如可将一部分光纤玻璃嵌入铝制件中，从而使传感器的区域安装成为可能。

4.4.4 电子束熔丝沉积的设备

电子束熔丝成形技术最初为美国航空航天局兰利研究中心开发，其合同商美国Sciaky公司是当前该技术开发方面最领先的公司之一。

电子束熔化设备通常由以下几个主要部分组成：

1. 电子枪

电子枪的作用是产生电子束，并能够控制电子束的焦点大小和能量密度。这个部件通常包含一个阴极（用于在加热后释放电子），以及其他用于加速和聚焦电子的电磁透镜和偏转线圈系统等。

2. 真空室

电子束熔化设备操作应在高度真空的环境中进行，以避免电子束与空气分子相互作用导致能量损失，同时防止氧化反应。因此，设备中的真空室是不可或缺的部分。真空室通常由厚重的金属壳体构成。

3. 粉末供料系统

粉末供料系统负责将金属粉末均匀地铺撒在建造平台上。该系统通常包括储存金属粉末的容器、用于输送粉末的机械装置和用于均匀分布粉末的装置。

4. 建造平台

建造平台是金属粉末熔化并成形的地方。在打印过程中，平台会逐层下降，以便不断铺撒新的粉末层并形成新的截面。

5. 控制系统

控制系统是电子束熔化设备的“大脑”，负责协调整个熔化过程。它基于预先设计的3D模型来控制电子束的扫描路径、曝光时间和粉末层的铺撒，确保制品的精确性和重复性。

6. 冷却系统

由于电子束熔化过程产生大量热量，所以需要有效的冷却系统来保持设备运行的稳定性。冷却系统可能包含水冷或空气冷却装置，以控制电子枪和真空室等关键部件的温度。

7. 安全系统

电子束熔化设备要求具备严格的安全保护措施，例如辐射屏蔽、紧急停机按钮和用于监控设备状态的传感器等。

4.4.5 电子束熔丝沉积的优缺点

电子束熔丝沉积的优点如下：

1）原材料使用线（丝）材，价格大大低于粉材。

2）成形速度快，沉积效率高，可以在较高功率下达到很高的沉积速率。对于大型金属结构的成形，电子束熔丝沉积成形速度快的优势十分明显。

3）电子束熔丝沉积成形在真空环境中进行，有利于零件的保护。

4）电子束形成的熔池相对较深，能够消除层间未熔合现象，制件内部质量好，力学性能接近或相当于锻件性能。

电子束熔丝沉积的缺点如下：

1）制件表面尺寸误差较大，一般为 2~3mm。

2）需要一套专用设备和真空系统，价格较高。

4.4.6 电子束熔丝沉积的应用

航空制造领域已成功应用钛合金电子束熔丝增材制造技术。例如，洛克希德·马丁公司在 F35 隐形飞机的襟副翼翼梁和垂尾翼后梁，以及空客飞机的机翼上翼等部件上进行了应用（见图 4-11）。这一技术不仅节约了成本，还极大地缩短了交货期。美国 Sciaky 公司利用电子束熔丝沉积技术，在 2020 年打印了超过 12000lb（5443kg）的钛。

图 4-11 洛克希德·马丁公司生产的 F35 隐形飞机

4.4.7 电子束熔丝沉积的发展趋势

随着科学技术的快速发展，电子束熔丝沉积技术被认为是一种具有很大潜力的先进制造技术，日益广泛地应用于航空、航天、核工业、生物医学等领域。

然而，无论是从技术理论还是实际应用方面，电子束熔丝沉积技术仍然面临一系列挑战和问题。电子束熔丝沉积的发展趋势如下：

（1）设备与材料的创新　为了充分发挥电子束熔丝沉积技术的优势，提高成分质量及减少生产成本，应加强与当地制造商的合作，推动制造设备的集成创新。例如，开发高精度高效的电子束枪、真空环境系统、粉末供给系统等关键装置，同时研发具有良好成形性和应用适应性的新材料，适应更广泛的制造需求。

（2）设计与优化　在产品设计阶段，应利用先进的计算方法和软件工具，为电子束熔丝沉积提供优化的设计方案。通过拓扑优化、结构性能评估等技术手段，设计出既可以实现高性能又可以满足成形工艺要求的产品。此外，开展先进控制理论与算法的研究，提高成形过程的精度与效率。

（3）检测与表征　结构分析、组织性能表征和检测技术的进一步发展，将提高制品质量的识别和预测能力。例如，数字图像相关技术、X射线非破坏检测技术等新型检测手段的引入，将有助于实现在线监测和实时反馈。同时，将机器学习、大数据分析等技术引入检测与表征领域，并与成分制造过程的参数优化相结合，有望实现自适应控制和智能生产。

（4）标准化与合规化　建立完善的标准化体系和相关法规，对电子束熔丝沉积技术的推广和应用具有重要意义。通过与国际组织、行业协会等合作，制定制度规范和技术标准，引导企业更有效地开展生产与应用，并确保产品质量与安全。同时，加强知识产权保护，促进国内外技术交流与产业合作。

4.5　电弧增材制造

电弧增材制造（wire arc additive manufacture，WAAM），又称为电弧法熔丝沉积成形，该工艺以电弧作为热源将金属丝材熔化，按照成形路径堆积每一层，逐层叠加形成所需的三维实体。

4.5.1　电弧增材制造的发展历程

电弧增材制造技术与其他增材制造技术相比，具有材料利用率高、成形效率高、制造成本低等优点，适于制造大型零件。例如，南京中科煜宸激光技术有限公司开发的电弧增材制造设备RC-WAAM-2500的最大成形尺寸达到2.5m×2.5m×1.5m。然而，电弧增材制造因其热输入高、成形精度相对较低而存在一定局限性。随着人们的高度关注，电弧增材制造技术在航空航天领域零件的小批量生产方面将有十分广阔的应用前景。欧洲空中客车公司、庞巴迪公司、英国宇航系统公司、欧洲导弹集团、阿斯特里姆公司、洛克希德·马丁公司等，均利用电弧增材制造技术实现了钛合金与高强钢大型结构件的直接制造。英国克莱菲尔德大学（Cranfield University）焊接工程和激光工艺研究中心多年来从事电弧增材制造的研究工作，并于 2018 年成立了 WAAM3D 公司。目前，荷兰 MX3D 公司、澳大利亚 AML Technologies 公司、南京中科煜宸激光技术有限公司、江苏烁石焊接科技有限公司、南京英尼格玛工业自动化技术有限公司等企业都从事电弧增材制造技术和设备的研发。

4.5.2 电弧增材制造的工艺原理及流程

1. 工艺原理

电弧增材制造的原理是利用高能电弧将金属粉末熔化并沉积在工件表面。在这个过程中，电弧产生的高温能够将金属粉末熔化，形成液态金属，然后通过喷嘴将液态金属喷射到工件表面，形成一层金属沉积层。这个过程不断重复，直到形成所需的三维结构。

2. 工艺流程

（1）设计模型　使用 CAD 软件设计所需的模型，确定模型结构和尺寸，作为打印的基础。

（2）打印前的准备　准备 3D 打印机，喷粉及其供给、控制系统，以及熔化加热源。

（3）可变极性弧源直流（VPDC）熔化　VPDC 电弧加热系统由一个可变极性直流功率源和一个微弧传感器组成。将金属材料置于电解质（如溴化铵和氧化铁的混合物）中，该电解质充当传导和割断电路中的介质。然后，两个极端通过一条电极与工件连接。

（4）粉末/线（喷射）供料　将金属粉末或线材喷射到熔池表面上，并随着熔池的运动控制层厚度和图案。

（5）熔化成形　在熔池留置一定的时间，以使喷射或供给的金属材料熔化，然后熔池中形成新的固体材料。一旦一个层完成，3D 打印机可以在上面添加下一层。

（6）构建成形　随着每个制造周期的完成，构件不断地被增加和积累，最终形成所需的立体打印模型。

（7）完成和后续处理　在操作完成之后，可将模型去除任意支撑结构，然后用机械或化学方法清理表面，从而获得细致、平滑的结构整体。

4.5.3　电弧增材制造的材料

电弧增材制造可以利用不锈钢、钛合金、铝合金、镍基合金、铁基合金等多种金属材料进行制造。这些材料具有优异的耐蚀性、高强度、低密度和耐高温性能，可广泛应用于航空航天、医疗器械、化工等领域，以满足不同领域对金属零件高性能、复杂几何形状的需求。

4.5.4　电弧增材制造的优缺点

电弧增材制造的优点如下：

1）制造成本低，加工周期短。

2）制件化学成分均匀、致密度高，具有强度高、韧性好等优点。

3）设备成本低，运行成本低，维护简单。

4）在生产复杂单件或小批量零件时，具有经济、快速的优点，从而使产品迅速更新换代，以适应市场变化的需求。

5）丝材利用率接近 100%，节约成本，尤其对比较贵重的合金材料非常必要。

电弧增材制造的缺点如下：

1）制件的残余应力和变形较大。

2）制件的精度相对较低，表面粗糙度值相对较高。

4.5.5　电弧增材制造的应用

电弧增材制造可用于制造复杂的航空航天零件，如燃气涡轮叶片、发动机喷嘴等。采用电弧增材制造技术，可以实现精细的 3D 打印，从而满足航空航天零件对高性能和高精度的需求。图 4-12 所示为采用电弧增材制造技术打印的火箭压力罐。

4.5.6　电弧增材制造的发展趋势

实践证明，电弧增材制造技术具有巨大的经济效益，并且具有广阔的应用前景。电弧增材制造的发展趋势如下：

（1）优化工艺　深入研究成形工艺、成形系统和成形材料之间的关系，优化成形工艺，并实现电弧增材制造技术与数控加工的有效集成。开发更先进的控制技术，实现对熔滴的几何尺寸、过渡速度和温度的有效控制。同时，进一步研究薄壁复杂件成形过程中热应力对成形质量的影响。

（2）开发更稳定的系统　开发控制精度高、可靠性好、柔性高的闭环控制成形系统。该系统应能够实时监控焊枪在成形过程中的位置，自动调整焊接参数，并能够实现对执行过程各环节的控制。同时，将多种焊接工艺、多轴数控机床加工单元结合在一起，以提高生产效率和成形件的精度，并实现快速成形功能梯度材料的金属成形件。研发先进的焊接机器人技术，进一步扩大焊接成形范围。

图 4-12　采用电弧增材制造技术打印的火箭压力罐

（3）开发配套成形材料　电弧增材制造技术几乎没有专门的成形材料，仍然在沿用结构钢焊接材料。因此，开发系列化和专业化的成本低、强度高、成形性能好且能满足成形功能化金属成形件的成形材料就成了当务之急。

（4）提升产品质量　未来，随着金属电弧增材制造机理的拓展深化和金属电弧增材制造工艺的深入研究，电弧增材制造的效率将会得到明显改善，金属电弧增材制造的致密度会得到大大提升，零件的力学性能会得到提高，表面质量和其他物理性能也会得到改善。

基于电弧增材制造的金属结构 3D 打印技术，未来有望成为一种生产小批量、特殊合金部件的方法，甚至在实际产品制造中都有可能广泛应用。它与传统工艺（包括锻造和铸造）相比，在材料损耗和成本节约方面具有显著优势，从零件的概念化到最终制造的生产时间将大大减少。然而，它也存在一定的局限性，特别是在使用塑性较差的金属材料方面，还应进行大量的研究和验证。

参 考 文 献

[1] 陈继民，曾勇. 3D 打印技术基础 [M]. 北京：化学工业出版社，2023.

[2] TOFAIL S A M，KOUMOULOS E P，BANDYOPADHYAY A，et al. Additive manufacturing: scientific and technological challenges，market uptake and opportunities [J]. Materials Today，2018，21 (1): 22-37.

[3] LEE J Y，AN J，CHUA C K. Fundamentals and applications of 3D printing for novel materials [J]. Applied Materials Today，2017，7: 120-133.

[4] TOBIAS S，HAMID A，FRANK G，et al. From particle acceleration to impact and bonding in cold spraying [J]. Journal of Thermal Spray Technology，2009，18 (5-6): 794-808.

[5] GUSSEV M N, SRIDHARAN N, THOMPSON Z, et al. Influence of hot isostatic pressing on the performance of aluminum alloy fabricated by ultrasonic additive manufacturing [J]. Scripta Materialia, 2018, 145: 33-36.

[6] FIDAN I, IMERI A, GUPTA A, et al. The trends and challenges of fiber reinforced additive manufacturing [J]. International Journal of Advanced Manufacturing Technology, 2019, 102 (5-8): 1801-1818.

[7] 史玉升. 增材制造技术 [M]. 北京：清华大学出版社，2022.

[8] WANG W, HAN P, WANG Y H, et al. High-performance bulk pure Al prepared through cold spray-friction stir processing composite additive manufacturing [J]. Journal of materials research and technology, 2020, 9 (4): 9073-9079.

[9] BRIAN N T, ROBERT S, SCOTT A G. A review of melt extrusion additive manufacturing processes: I. Process design and modeling [J]. Rapid Prototyping Journal, 2014, 20 (3): 192-204.

[10] 左世全. 中国战略性新兴产业研究与发展：增材制造 [M]. 北京：机械工业出版社，2021.

[11] 周伟民，闵国全. 3D打印技术 [M]. 北京：科学出版社，2016.

[12] 中国机械工程学会. 中国机械工程技术路线图 [M]. 2版. 北京：中国科学技术出版社，2017.

[13] 吴怀宇. 3D打印三维智能数字化创造 [M]. 3版. 北京：电子工业出版社，2017.

[14] 史玉升，闫春泽，周燕，等. 3D打印材料 [M]. 武汉：华中科技大学出版社，2019.

第 5 章 3D 打印企业

本章将对 3D 打印行业的重要企业进行详细介绍，旨在帮助读者进一步了解国内外 3D 打印市场的发展状况，从而全面了解 3D 打印行业的发展趋势、市场规模及技术创新，为进一步研究 3D 打印技术发展与应用提供参考和启示。

5.1 国外部分 3D 打印企业介绍

5.1.1 Stratasys 公司

1. 公司简介

Stratasys 公司成立于 1989 年，总部位于美国明尼苏达州，是全球领先的 3D 打印解决方案供应商之一。如今，Stratasys 公司的技术应用于各个领域，包括航空航天、汽车制造、医疗、教育等。

2. 公司产品介绍

1）F3300 是一款专为制造业设计的 3D 打印机（见图 5-1）。该设备采用熔融沉积成形技术，成形尺寸为 600mm×600mm×800mm，打印分辨率因材料而异，一般为 0.188mm、0.250mm 和 0.500mm。该设备所用材料有 ASA（含 SR-35 可溶性支撑材料）、聚碳酸酯（含 SR-110 可溶性支撑材料）、ULTEM™ 9085 树脂（含 SUP8500B 易剥离支撑材料）及 FDM Nylon 12CF（含 SR-110 可溶性支撑材料）。

2）J850 Pro 采用聚合物喷射技术，可以打印 7 种树脂（见图 5-2）。该设备的成形尺寸为 490mm×390mm×200mm，横向打印层最薄为 14μm，超高速模式下为 55μm，系统尺寸为 1400mm×1260mm×1100mm，质量为 430kg。材料柜尺寸为

1119mm×656mm×637mm，质量为 153kg。

图 5-1　F3300

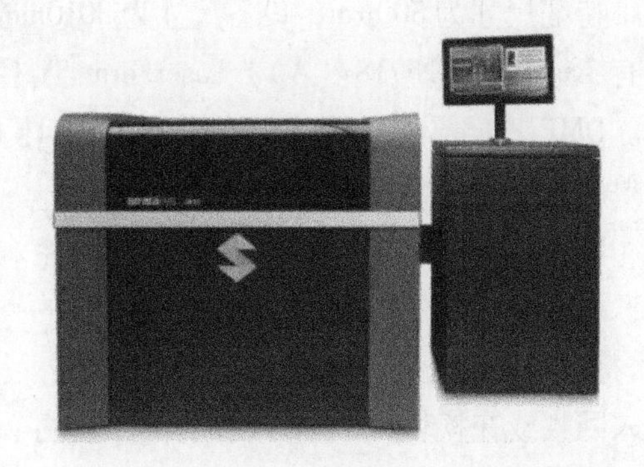

图 5-2　J850 Pro

该设备打印模式有 4 种：高质量模式采用 7 种基本树脂，14μm 分辨率；高度混合模式采用 7 种基本树脂，27μm 分辨率；高速模式采用 3 种基本树脂，27μm 分辨率；超高速模式采用 1 种基本树脂，55μm 分辨率。

3）H350 采用了一种工业级粉末床熔融技术——选择性吸收熔融（SAF），是一款专为具有高要求行业而设计的 3D 打印机（见图 5-3）。H350 的有效成形尺寸为 315mm×208mm×293mm，分层厚度为 100μm（0.004in），机身尺寸为 1900mm×940mm×1730mm。同时，该设备可使用多种材料粉末，包括 Stratasys High Yield PA11、SAF™ PA12 等，以及液体材料，如 Stratasys HAF TM 高吸收液体，使用户在材料选择上更加灵活多样。

5.1.2　3D Systems 公司

1. 公司简介

立体光固化成形由美国人查尔斯·赫尔（Charles Hull）发明，他为该技术申请了专利，并于 1986 年成立了 3D Systems 公司以将其商业化。1988 年，该公司就生产了第一台 3D 打印机。该公司不仅提供打印机，还出售打印机配套的原材料、相关设计软件，并为客户提供培训，其解决方案涉及模具、医疗、教育、珠宝、建筑等行业。

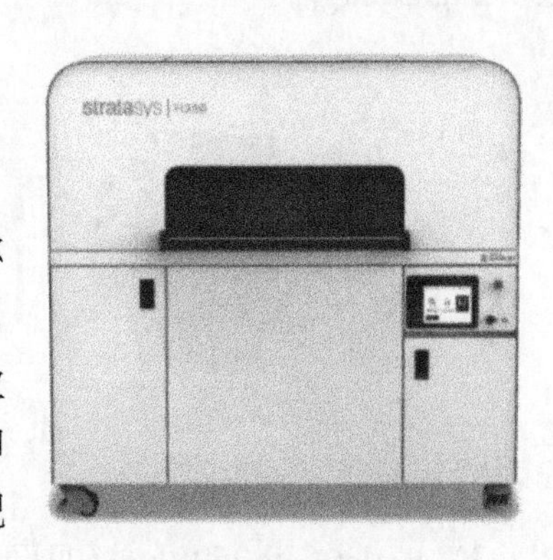

图 5-3　H350

2. 公司产品介绍

1）DMP Factory 500 BCS（见图 5-4）采用选区激光熔化技术，激光器为 3×

500W 光纤激光器，激光波长为 1070nm，成形尺寸为 500mm×500mm×500mm，最小特征尺寸为 300μm，设备尺寸为 3010mm×2350mm×3160mm。该设备可用的材料有 LaserForm Ni718（A）、LaserForm Ti Gr23（A）、LaserForm AlSi10Mg（A）等。DMP Factory 500 可实现全金属 3D 打印和粉末管理模块的连续功能，从而最大限度地实现正常运行。

DMP Factory 500 打印机模块具有真空室，可确保最低的含氧量，提供高质量的 3D 打印金属部件。通过在打印、洒粉、粉末回收或在模块间转移的过程中一直将粉末保存在惰性气体环境下，消除了粉末降级。

图 5-4　DMP Factory 500 BCS

2）Figure 4（见图 5-5）使用光固化成形数字光处理（DLP）技术，成形尺寸为 124. 8mm×70. 2mm×346mm，最大分辨率为 1920×1080 像素，波长为 405nm，像素间距为 65μm（390. 8 有效 PPI）。控制单元箱已装箱/未装箱尺寸为 116. 8cm×121. 9cm×233. 7cm/76. 2cm×132cm×210. 8cm，打印引擎单元已装箱/未装箱尺寸为 116. 8cm×121. 9cm×233. 7cm/88. 9cm×91. 4cm×210. 8cm。已装箱/未装箱的控制器单元质量为 430. 9kg/363kg，打印引擎单元已装箱/未装箱质量为 408. 2kg/340kg。

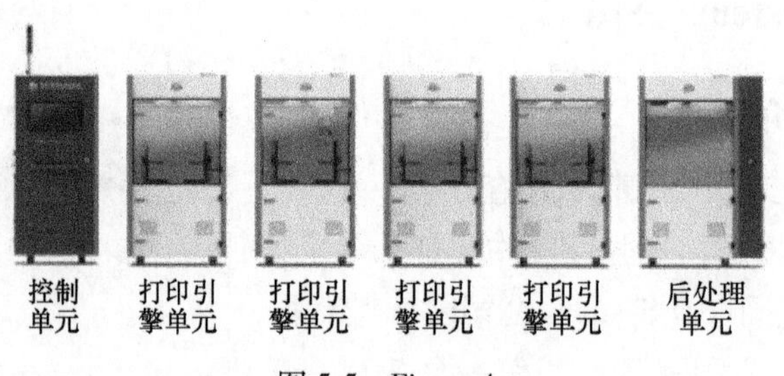

图 5-5　Figure 4

3）ProJet CJP 260Plus（见图 5-6）采用全彩喷射打印（CJP）技术，成形尺寸为 236mm×185mm×127mm，分辨率为 300×450 DPI，分层厚度为 0. 1mm，最小特征尺寸为 0. 8mm，垂直建造速度为 20mm/h，打印头数量是 2 个。3D 打印板装箱/未装箱尺寸为 94cm×119cm×158cm/74cm×79cm×140cm。3D 打印板条箱/3D 打印机未装箱质量为 198kg/165kg。

5.1.3　EOS 公司

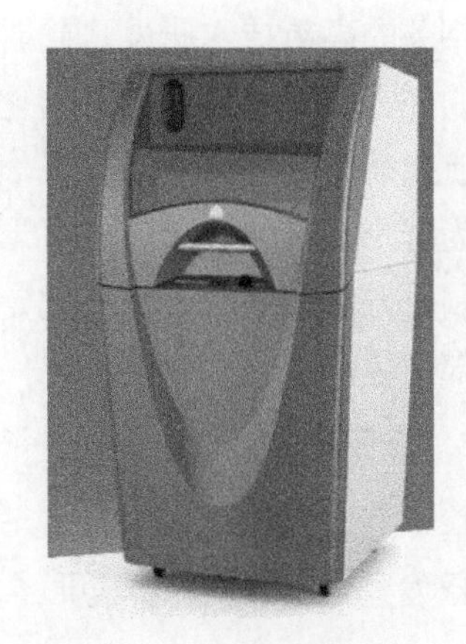

图 5-6　ProJet CJP 260Plus

1. 公司简介

EOS 公司于 1989 年在德国慕尼黑成立，由快速成形专家 HansLanger 博士创立。EOS 一直致力于激光粉末烧结快速制造系统的研究开发与设备制造工作。目前，EOS 公司已经成为全球最大同时也是技术最领先的激光粉末烧结快速成形系统的制造商之一。

2. 公司产品介绍

1）EOS M 300-4（见图 5-7）采样选区激光熔化技术，成形尺寸为 300mm×300mm×400mm，采用 4×400W Yb 光纤激光器，扫描速度高达 7.0m/s，焦距直径约为 100μm，压缩空气供应参数为 0.7MPa、15m³/h。该设备尺寸为 5221mm×2680mm×2340mm，质量约为 5.5kg。

图 5-7　EOS M 300-4

2）FOEMIGA P 110 FOR（见图 5-8）采样激光烧结 3D 打印工艺，能够生产出细丝零件和具有超光滑表面的打印成品，可制造基于聚酰胺或聚苯乙烯材料的塑料产品。该设备成形尺寸为 200mm×250mm×300mm，打印机尺寸为 1320mm×1067mm×2204mm，占地面积小，适合在有限空间内使用。

5.1.4　SLM Solutions 公司

1. 公司简介

德国 SLM Solutions 公司是金属激光增材制造设备生产商，专注于选区激光熔化相关的高新技术研发，同时也是该技术领域的先驱之一。选区激光熔化技术广泛应用于航空航天、医疗、能源及汽车工业。该公司为客户提供具有高自由度形态部件的设计和制造方法，适用于个性化定制及中小批量的部件生产。

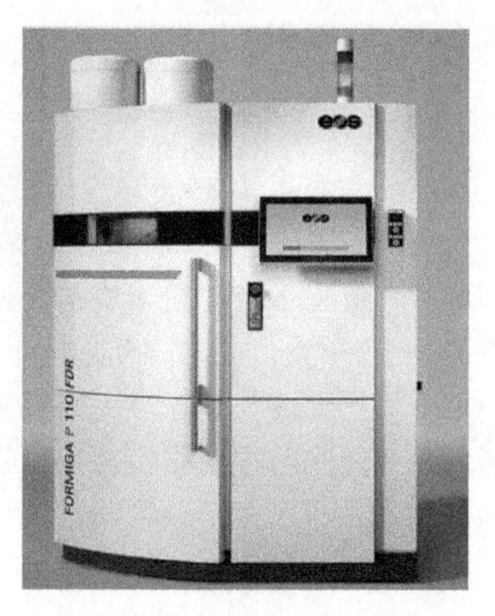

图 5-8　FOEMIGA P 110 FOR

2. 公司产品介绍

基于选区激光熔化技术，SLM Solutions 公司开发了一系列可以成形金属的 3D 打印机。

1）SLM 500（见图 5-9）成形尺寸为 500mm×280mm×850mm，采用 4×700W 激光器，设备尺寸取决于客户设定，分层厚度为 20~90μm，光束聚焦直径为80~115μm，最大扫描速度为 10m/s，构建速度为 171cm³/h。

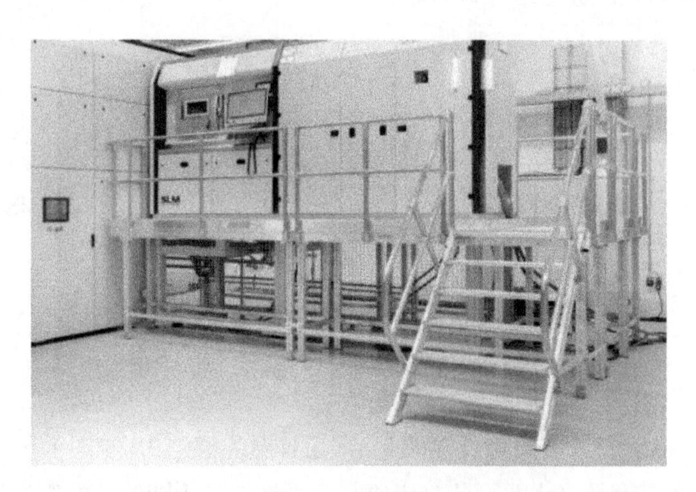

图 5-9　SLM 500

2）NXG XII 600（见图 5-10）采用 12×1000W 激光器，专为大规模生产而设计，能够以更低的生产成本实现真正的大规模生产。该设备最大成形尺寸为 600mm×600mm×600mm，其构建速度达到 1000cm³/h，大大缩短了生产周期，提高了效率。同时，该设备的光束聚焦直径范围为 80~160μm，具有更高的精度和适应性。

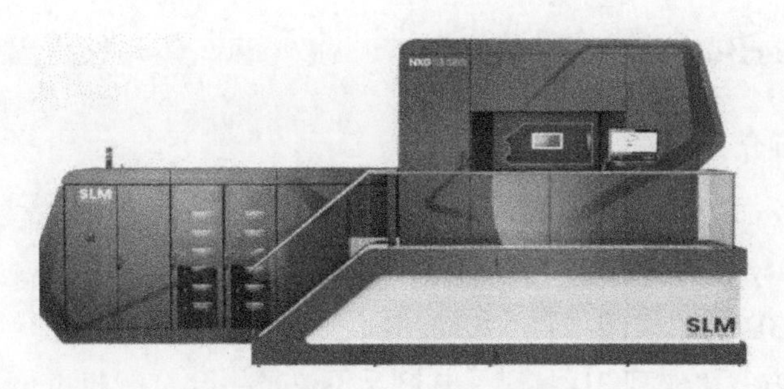

图 5-10　NXG XII 600

5.1.5　Concept Laser 公司

1. 公司简介

Concept Laser 公司于 2000 年由 FrankHerzog 创立，是世界领先的金属零件 3D 打印供应商之一。自 2016 年 12 月以来，Concept Laser 公司成为 GE 公司的子公司 GE Additive 的一部分。Concept Laser 公司拥有激光熔化（Laser CUSING）技术专利，该技术基于粉末床，能给组件配置带来新的自由度，从而允许在非常小批量的情况下经济地制造高度复杂的零件。

2. 公司产品介绍

Concept Laser 公司开发了一系列的 3D 打印机。Concept Laser_M2 Series 5 是专为大规模高质量制造而设计的先进 3D 打印机（见图 5-11）。该设备采用双激光器系统，最大成形尺寸为 245mm×245mm×350mm，光束聚焦直径为 70～500μm，粉末层厚度为 20～80μm，加工效率为 2～35cm^3/h。

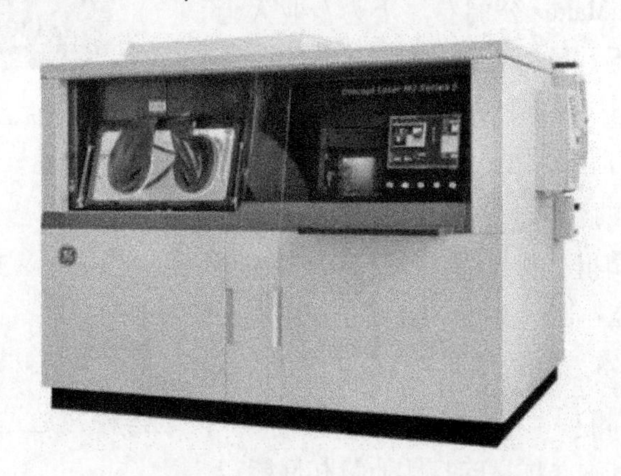

图 5-11　Concept Laser_M2 Series 5

5.1.6 MakerBot 公司

1. 公司简介

MakerBot 公司是由美国人 Bre Pettis 于 2008 年带领团队创立的，并于 2013 年被美国 Stratasys 公司收购。目前，MakerBot 公司是美国 Stratasys 公司旗下全球领先的桌面级 3D 打印机制造商。MakerBot 公司的产品为人们提供了一种简单、便捷、经济的方式来实现 3D 打印。其产品不仅是一台打印机，更是一种可以改变生活方式和创新方式的工具。通过使用 MakerBot 公司的 3D 打印机，个人和机构可以实现更多创意的实现和自主制造的可能性。

2. 公司产品介绍

在当今快节奏的创意设计领域，找到一台具备卓越性能和创新功能的 3D 打印机至关重要。MakerBot Method X 就是这样一款 3D 打印机（见图 5-12）。MakerBot Method X 基于熔融沉积成形技术，采样双挤出头，能够以 50~400μm 的层厚打印精致细腻的模型。该设备成形尺寸为 190mm×190mm×196mm，x、y 轴精度为 11μm（0.0004in），z 轴精度为 2.5μm（0.0001in）。MakerBot Method X 支持多种类型的热塑性塑料，如强度高的 ABS、耐热的 ASA 以及耐腐蚀的 PC-ABS 等。

图 5-12　MakerBot Method X

5.1.7 UltiMaker 公司

1. 公司简介

UltiMaker 公司是一家荷兰 3D 打印公司，成立于 2011 年。UltiMaker 公司专注于为专业人士和创客提供高品质、易用和可靠的 3D 打印解决方案。通过不断创新和开发，UltiMaker 公司已经成为全球 3D 打印领域的知名品牌，为各行业提供一流的产品和服务。

UltiMaker 公司旗下的 3D 打印机包括 Ultimaker S5、Ultimaker 3、Ultimaker 2+、UltiMaker Method XL 等，这些打印机设计时兼顾了精度和速度，适用于不同应用和行业需求。此外，UltiMaker 公司还提供广泛的 3D 打印材料，例如 PLA、ABS、PET、TPU 和 CPE，以满足各种应用需求。这些耗材通过与 UltiMaker 打印机完美配合，可确保优良的打印质量和性能。

UltiMaker 公司还强调软件的重要性，提供了名为 Ultimaker Cura 的软件平台。这款免费的开源软件拥有直观的界面，为用户提供无缝的3D打印体验。除了卓越的产品和服务，UltiMaker公司还注重社区建设，通过其在线Ultimaker Community和知识中心与广大用户互动交流。这些平台汇集了成千上万的3D打印爱好者和专业人士，分享经验和解决方案，为用户提供强大的技术支持和资源。

2. 公司产品介绍

1）UltiMaker Method XL是一款面向高性能和大型打印项目的3D打印机（见图5-13）。该设备采用了熔融沉积成形技术，可实现快速而精确的打印。

该设备具有可移动加热板，支持1.75mm丝材，可更换挤出机和双挤压头，喷嘴直径为0.4mm，分层厚度为100~400μm，最大打印尺寸为305mm×305mm×320mm。打印机质量为56.5kg，材料箱质量为1.9kg。作为一款具备卓越性能、可靠耐用且功能强大的3D打印机，它是专业用户和大型打印项目的理想选择。

2）UltiMaker S7 Pro Bundle是一款强大且易于使用的3D打印机（见图5-14）。该设备拥有一系列先进功能，包括双挤出打印头，使用户能够同时打印多种材料或颜色，以及自动喷嘴升降系统和可更换式打印核心，方便用户进行灵活的操作和打印头维护。该设备的成形尺寸为330mm×240mm×300mm，具有可调节的层分辨率和极快的构建速度。并且，该设备支持多种打印材料，从高级聚合物到碳纤维复合材料，满足不同的打印需求。

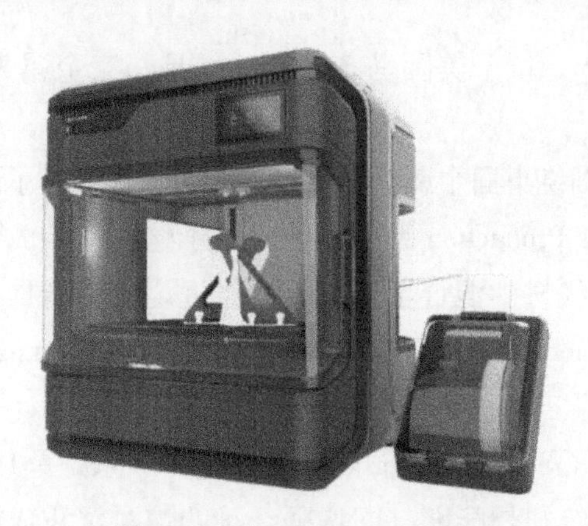

图5-13 UltiMaker Method XL

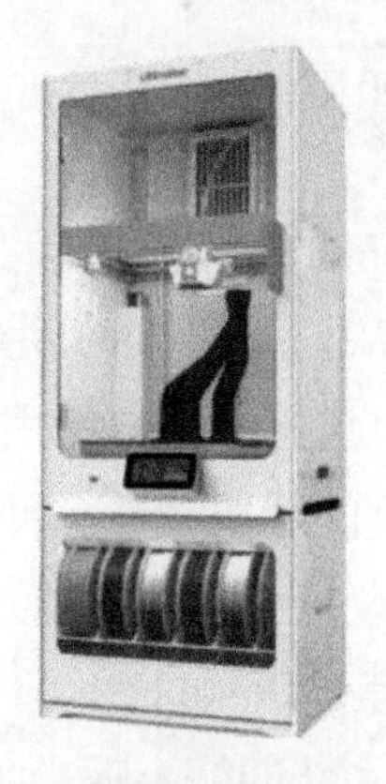

图5-14 UltiMaker S7 Pro Bundle

5.1.8 Markforged公司

1. 公司简介

Markforged公司是一家知名的3D打印公司，总部位于美国马萨诸塞州。自

2013 年成立以来，一直致力于为制造业提供创新的解决方案，并在全球增材制造行业中占据领先地位。

Markforged 公司的核心产品是一系列高性能 3D 打印机，这些 3D 打印机采用了独特的连续纤维增强技术。这种技术能够在打印过程中将连续纤维材料（如碳纤维、玻璃纤维等）与传统的塑料材料结合起来，从而生产出具有高强度和轻量化特性的零件。这些零件在航空航天、汽车、医疗设备等行业中有着广泛的应用。

2. 公司产品介绍

Markforged FX10 是一款专为高性能和复杂零件制造而设计的工业级 3D 打印机（见图 5-15）。该设备采用最新的 3D 打印技术，能够实现 125 ~ 250μm 的精度。其成形尺寸为 375mm × 300mm × 300mm（14. 8in × 11. 8in × 11. 8in），设备的尺寸为 760mm × 720mm×1035mm（29. 9in×28. 3in×40. 7in）。该设备可以打印多种材料，包括纤维增强聚酰胺、金属基复合材料和碳纤维增强聚合物等。

图 5-15　Markforged FX10

5.1.9　Desktop Metal 公司

1. 公司简介

Desktop Metal 公司成立于 2015 年，位于美国马萨诸塞州，是一家金属 3D 打印企业。

Desktop Metal 公司成立之初主要围绕桌面金属黏结剂喷射工艺，并发布了两款初期产品，即 DM Studio 系统和 DM Production 系统。前者基于熔融沉积成形工艺，可直接在办公室使用，聚合物线材中混合金属粉材，经过烧结得到具有一定致密度的金属样件；而 DM Production 系统采用专有的单通道喷射（single pass jetting，SPJ）技术，可用于批量生产高分辨率金属部件。

2020 年，Desktop Metal 公司新增了 Shop 和 Fiber 两种系统。Shop 系统是 DM Production 系统的缩小版，而 Fiber 系统则是能够打印增强纤维的熔融沉积成形设备。2021 年，为了实现金属 3D 打印的大规模生产，Desktop Metal 公司发布了重磅产品 P-50 生产系统。该系统成形尺寸为 490mm×380mm×260mm，结合了黏结剂喷射和单通道喷射技术，并能够双向打印。也就是在同一年，除了开发自己的系统，Desktop Metal 公司开启了积极的并购战略。通过从材料到工艺的频繁并购，Desktop Metal 公司完成了全面的集成增材制造解决方案组合，包括硬件、软件、材料和服务，支持金属、复合材料、聚合物、陶瓷、砂子、生物相容性材料、木材和弹性体，并获得了更大的市场占有率。2022年，Desktop Metal公司开始对这些资源进行整合，试图把3D打印推向批量、规模化制造的2.0时代，并在2023年初推出了新的3D打印品牌和全资子公司ETEC，专注于工业制造领域。2021年，收购ExOne公司后的Desktop Metal公司宣传推出一款迄今为止最实惠的新型ExOne S-Max Flex 3D打印机，专为铸造厂提供强大、低成本的金属铸造应用砂型而设计。

2. 公司产品介绍

Studio System 2（见图5-16）保留了前代产品的所有主要功能，采用结合金属沉积（bound metal deposition，BMD）打印技术和具有两个打印头的设计。该设备的打印尺寸为300mm×200mm×200mm，分层厚度为50~300μm，最大制造质量为6.5kg，打印机尺寸为948mm×823mm×529mm，质量为97kg。

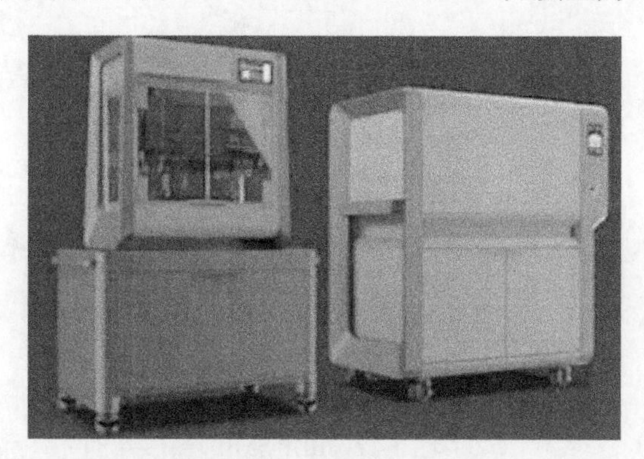

图5-16　Studio System 2

Studio System 2采用全新的流水线工艺，包括一个打印机和一个加热炉单元。因此，它将以前的脱脂-烧结阶段合并为一个阶段，减少了系统的占地面积。打印完成后，将毛坯件放入加热炉中，以增加密度并改善力学性能。

5.2　国内部分3D打印企业介绍

5.2.1　西安铂力特增材技术股份有限公司

1. 公司简介

西安铂力特增材技术股份有限公司（简称铂力特）成立于2011年，是我国知名的金属增材制造技术解决方案提供商。该公司业务包括金属3D打印服务、设备、原材料、工艺设计开发和软件定制化产品，构建了完整的金属 3D 打印产业生态链。该公司拥有 100 多套各种金属增材制造设备，可处理多种材料，包括钛合金、高温合金、铝合金、铜合金、不锈钢和高强度钢。该公司申请了 200 多项金属增材制造技术的自主知识产权。该公司的客户涵盖航空、航天、能源、轨道交通、电子、汽车、医疗和模具等各个行业。该公司目前已经开发了多种型号的增材制造设备，包括能够实现大尺寸打印和高精度的设备。

2. 公司产品介绍

1）BLT-S510 是一款高性能的金属 3D 打印设备（见图 5-17）。该设备配备铂力特自主研发的多振镜控制系统，能够实现多振镜协同工作。该设备不仅能实现卓越的零件成形尺寸精度和搭接性能，同时能提供高效稳定的打印性能，为打印大型零件提供有效保障。

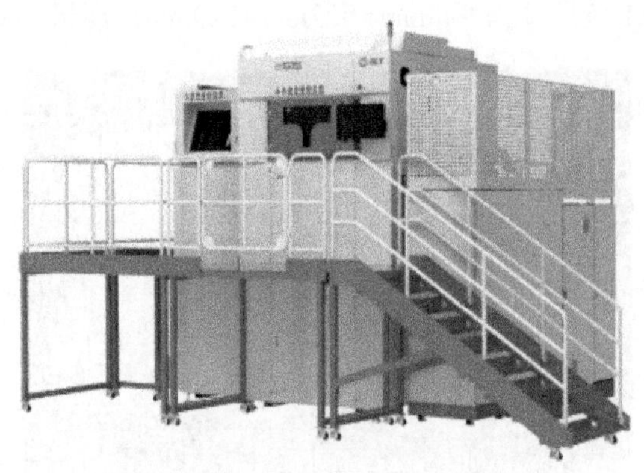

图 5-17　BLT-S510

该设备的成形尺寸为 500mm×500mm×1000mm，激光器功率可选配 4×500W 或 5×500W，激光波长为 1060～1080nm，分层厚度为 20～100μm。其最大扫描速度达到 7m/s，成形效率可高达 $150cm^3/h$。该设备还具备出色的光束质量（M2<1.1）和 F-θ 镜头。

同时，该设备配备质量追溯系统，通过高清摄像机、传感器等部分实现了打印过程实时监测并记录，保证零件打印过程全程可追溯。顶部安装的高清摄像机对每一层的打印状态进行拍照并保存，用户可通过观察照片对打印进行调整，以有效保证产品质量。此外，BLT-S510 还可根据客户需求增配扫描质量检测等功能和部署智能管理系统，助力用户实现定制化智能管理。

2）BLT-A300/A320 是一款专注于模具组件、备件和功能样件制造领域的专用机型（见图 5-18）。该设备采用 EtherCAT 总线通信和模块化结构，确保稳定可靠的运行和无忧诊断。同时，其外观尺寸较小，相较于市面上同样成形尺寸的设备，具备更强的可维护性，并且大大降低了场地空间要求。

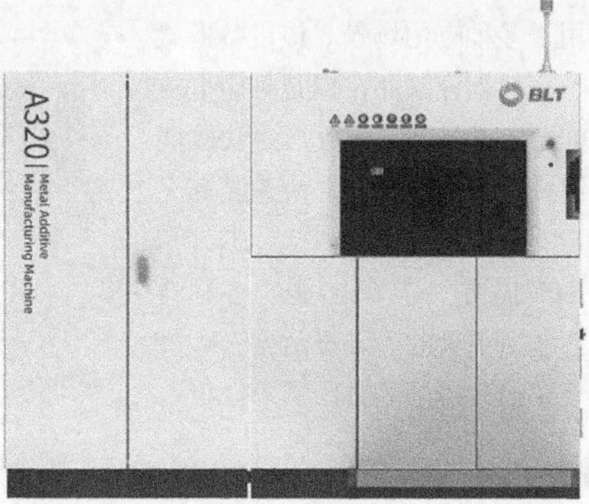

图 5-18 BLT-A320

BLT-A300/A320 的成形尺寸为 250mm×250mm×300mm，激光器功率可选配 500W 或 500W×2，激光波长为 1060~1080nm，分层厚度为 20~140μm。其最大扫描速度可达 7m/s，成形效率可高达 50cm³/h。该设备还具备出色的光束质量（M2<1.1）和 F-θ 镜头，能够精准提取嫁接基座轮廓和内部特征信息，高效完成复杂模型的打印。针对充满模具领域用户制造复杂零件的需求，BLT-A300/A320 开发了零件自动嫁接功能，能在不到 5min 的时间内实现模型的校准和打印，且嫁接精度可控制在 0.1mm 以内，从而降低了复杂零件的加工成本，同时保证了复合制造零件的稳定性。该设备采用单向变速铺粉，氧的质量分数不超过 0.01%。

BLT-A300/A320 还配备了标配的长寿命反吹过滤器，滤芯使用寿命超过 1500h。同时支持选配永久过滤器，实现设备的“超长待机”，降低了耗材和人力成本，提高了设备利用率。该设备采用通用性对外开放权限的工业接口和工业通信总线技术，可以实现远程诊断和快速排故，以确保设备的稳定性。

3）BLT-S210 是铂力特一款支持多种材料打印的设备（见图 5-19）。该设备具有灵活的工艺参数设置，可以适应多种特殊材料的成形需求，满足工艺品实际制造的定制化要求。BLT-S210 采用模块化设计和开放式布局，为用户提供更大的设计自由度，支持创意灵感的实现。

该设备的成形尺寸为 105mm×105mm×200mm，激光器功率为 500W，与激光波长为 1060~1080nm，分层厚度为 20~100μm。其最大扫描速度为 7m/s，成形效率达到 15cm³/h。该设备的光束质量为 M2<1.1，配备 F-θ 镜头，最大功耗不

超过 6kW 或 8kW，并采用氧的质量分数低于 0.01%的单向变速铺粉技术。BLT-S210 除了专注于齿科行业，还适用于多种应用场景。该设备搭载了铂力特自家研发的高效剖分软件，提升打印全流程的速度，具备 40μm 打印层厚满版成形更快的能力。该设备支持一键式添加满版牙冠，快速装卸无螺钉基材，提升用户的操作便捷性。

总的来说，BLT-S210 是一款高性能的多材料打印设备，可为用户创造更大的设计灵活度，生产率高，并能够满足复杂齿科模型的打印需求。

图 5-19　BLT-S210

5.2.2　湖南华曙高科技股份有限公司

1. 公司简介

湖南华曙高科技股份有限公司（简称华曙高科）由著名 3D 打印科学家许小曙博士于 2009 年在湖南长沙成立。该公司致力于为全球客户提供金属（SLM）增材制造设备以及高分子（SLS）增材制造设备，并提供 3D 打印的材料、软件及服务。该公司集科研、开发、生产和销售于一体，从事不同材料产品（包括塑胶、金属、陶瓷等）无模具智能制造及立体电路等相关技术的研究与应用服务，主要服务于汽车、航天航空、机械制造、医疗器械、房地产等行业。近年来，该公司金属打印设备的尺寸逐渐提高，激光头数量也逐步增多。2023 年，该公司发布多款金属和非金属设备，金属设备包括最大 8 激光头的 FS621MPro 系列、最大 6 激光头的 FS621M-U 系列以及最大 10 激光头的 FS811M 系列，非金属设备包括 Flight HT1001P 系列。

2. 公司产品介绍

1）FS1521M 是面向高精尖行业超大尺寸精密零件批量生产的金属增材制造系统（见图 5-20）。它拥有最高 16 激光配置，可提升超大尺寸零件的打印效率。该设备最大的成形缸尺寸为 1530mm×1650mm，满足超大尺寸零件的一体成形和批量生产需求。它采用平台化设计理念，用户可以根据需求选择不同幅面尺寸的成形缸配置，同时可切换使用不同尺寸的方缸和圆缸。FS1521M 圆缸尺寸为 1530mm×850mm（可换缸体：ϕ1380mm×850mm，ϕ1230mm×850mm）；FS1521M 方缸尺寸为 1530mm×1530mm×850mm（可换缸体：1380mm×1380mm×850mm，1230mm×1230mm×850mm）。

图5-20　FS1521M

该设备的创新之处在于双层风场设计，这种设计解决了超大跨距大量烟尘去除问题，并实现了超米级以上幅面的高均匀稳定性风场。此外，多激光搭接校准精度高，搭接区力学性能与单激光无明显差别。该设备还拥有双独立循环过滤系统，标配永久滤芯，支持长效打印。其软件、算法和控制系统完全自主研发，不依赖进口软件而实现全流程功能，确保信息安全与技术可控。工艺参数开源，可以个性化定制以满足多样化生产需求。另外，机器视觉算法实现了工作腔内缺粉、塌陷、剐蹭、翘曲等铺粉缺陷检测和过程监控，大大减少了人力成本，同时提高了成品率。

FS1521M的外形尺寸为12940mm×6580mm×5200mm，铺粉层厚度可调，范围在0.02~0.1mm。其最高扫描速度达到10m/s，打印过程中的氮气/氩气消耗为20~30L/min。采用惰性气体保护的全流程粉末处理系统，实现了人粉无接触，解决了超大工件打印巨量粉末管理和安全等问题。

2）Flight HT1001P是一款具有行业领先水平的3D打印设备（见图5-21）。它配备了1000mm×500mm×450mm的成形缸，方便处理大型工件的一体成形和中小型工件的批量生产。该设备具备连续生产能力，能够实现全自动化生产，不需要人工操作切换工作包进行打印。它采用了全密闭清粉设计，减少了粉尘与操作人员的接触，提高了安全性和环保性能。

Flight HT1001P采用华曙高科自主研发的高分子光纤激光烧结Flight技术，通过滚筒铺粉方式，将铺粉厚度调整至0.06~0.3mm；并搭载了4个光纤激光器作为烧结能量源，每个激光器功率为300W，使得成形效率较使用单一激光器时大幅提升。

该设备的外形尺寸为2960mm×2375mm×2185mm（仅建造站）或5820mm×

图 5-21 Flight HT1001P

2375mm×2185mm（建造站+预热站+冷却站）。其最高扫描速度可达到 20m/s，并配备动态聚焦技术，智能分区独立控制，保证了整个工作面的温度均匀性，温差不超过 3℃，确保了成品表面和不同区域产品质量的一致性。此外，该设备还具备连续实时表面温度监测、手动和自动控制方式、在线实时修改建造参数、三维可视化和诊断功能等特点。

Flight HT1001P 适用的成形材料有 FS4200PA-F、FS3201PA-F、FS3401GB-F、FS6140GF-F 和 WANFAB-PU95AB 等。设备质量为 5000kg（预热站+建造站+冷却站）或 3500kg（仅建造站）。

3）eForm（见图 5-22）外形尺寸为 1735mm×1205mm×1975mm，铺粉厚度为 0.06~0.3mm，扫描速度最高达 7.6m/s。该设备采用 CO_2 激光器（30W），振镜扫描系统定焦，智能分区独立控制，连续实时表面温度监测；并可采用手动和自动控制方式，在线实时修改制造参数。该设备质量约为 1700kg，成形缸尺寸为 250mm×250mm×320mm。该设备可用于教育培训、学科建设、材料研发、原型设计、直接制造等领域。

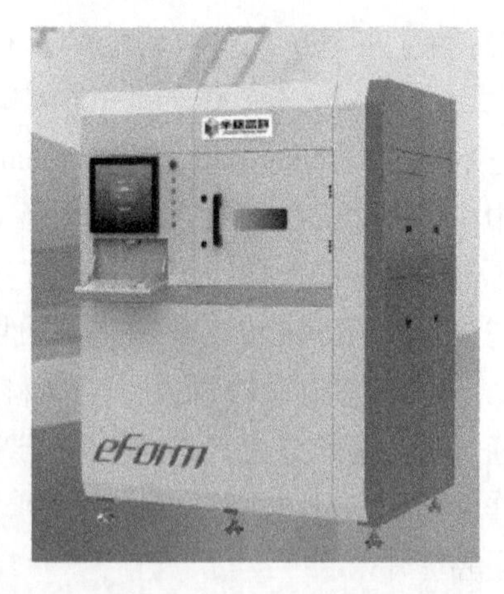

图 5-22 eForm

4）高分子粉末管理系统 FS-PMS-04P（见图 5-23）的外形尺寸为 3300mm×2100mm×2100mm，储粉罐容积>200L（×3），反吹分离罐滤芯的尺寸为 140mm×220mm，设备质量为 1800kg。

该设备是全封闭集成式智能高分子粉末后处理平台，功能强大且高度集成，适合 3 台以下选区激光烧结设备的粉末处理。

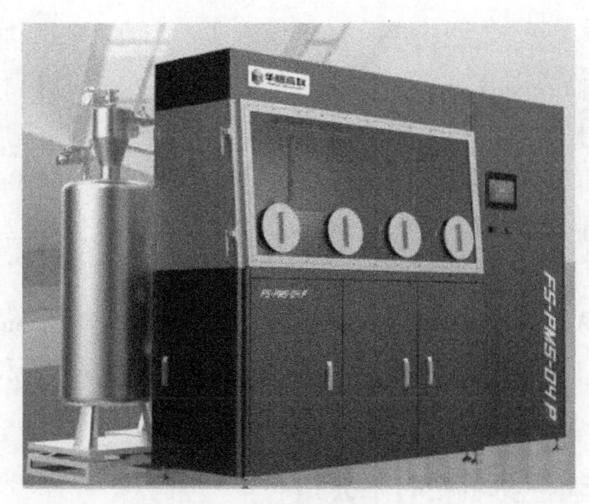

图 5-23 FS-PMS-04P

5.2.3 杭州先临三维科技股份有限公司

1. 公司简介

杭州先临三维科技股份有限公司（简称先临三维）成立于 2004 年，主营 3D 数字化与 3D 打印设备及相关智能软件的研发、生产、销售。该公司自主研发了多项 3D 领域核心技术，拥有超过 300 项的授权专利和 100 多项软件著作权。该公司拥有 3D 数字化和 3D 打印设备两大核心产品线，为高端制造、齿科医疗、消费和教育等领域用户提供"3D 数字化—智能设计—增材制造"智能制造解决方案。该公司是拥有自主研发的"从 3D 数字化数据设计到 3D 打印直接制造"的软硬件一体化、完整技术链的科技创新企业。

2. 公司产品介绍

AccuFab-CEL 是一款齿科椅旁 3D 打印系统（见图 5-24）。它的设备尺寸为 360mm×360mm×530mm，整机尺寸为 340mm×303mm×450mm，LED 波长为 405nm，分层厚度为 0.05～0.1mm。该设备配备了 9.5L 容量的清洗桶，并具备磁力搅拌功能。

图 5-24 AccuFab-CEL

该设备能够实时监测和提示打印舱的温度和湿度，同时附带加热系统，确保工作过程稳定输出。采用高结构稳定性和精度的双直线运动导轨，确保制作产品的精度和效率。它还配备了先临自研主板、6 核高性能 CPU 和5G 网络支持，最高打印速度可达 100mm/h，确保数据处理和传输的高效快速。打印平台具有高强度、耐磨和耐腐蚀的特性，确保长时间稳定工作。

AccuFab-CEL 采用高分辨率 LCD 屏幕，分辨率为 5760×3600px。结合亚像素技术，使打印成品表面细腻光滑。z 轴补偿技术改善过固化效应，提高模型在 z 轴方向上的打印精度。匀光掩码技术保证模型的打印尺寸均一性，适用于齿科应用的高要求。AccuFab-CEL 搭载超高功率光源（最大支持 8mW/cm^2 打印），具有出色的打印效率，可为椅旁种植、正畸、修复、美学等齿科应用提供高效的诊疗。

5.2.4 武汉华科三维科技有限公司

1. 公司简介

武汉华科三维科技有限公司（简称华科三维）是华中地区的专业 3D 打印装备及材料研发制造平台，由华中科技大学产业集团、武汉合旭控股有限公司及华中科技大学史玉升团队等联合发起设立的高新技术企业。

2008 年 12 月，华科三维成功研制了一台大台面的激光粉末烧结设备。2013 年，华科三维研发出国际首台“四激光、四振镜、全球超大台面”的快速成形装备。2018 月 8 月，华科三维成功研制了 HK C1700 设备，再次刷新了陶瓷激光烧结增材制造装备台面纪录。2021 年 4 月，华科三维成功研制了镁合金 3D 打印设备。

2. 公司产品介绍

HK S500 是一款振镜式动态聚焦的 3D 打印设备（见图 5-25），其扫描速度可达 6m/s。它支持分层厚度在 0. 08～0. 3mm 范围内的打印，具有较高的打印精度。成形室尺寸为 500mm×500mm×400mm，而整台主机的外形尺寸为 2070mm×1280mm×2080mm。该设备采用双缸双向铺粉方式，可以快速而均匀地铺粉，保证材料的充实度。所用的成形材料为 PS，并采用覆膜砂来增强打印件的表面质量。

在软件使用方面，HK S500 配备了自主研发的 HUST 3DP 软件，该软件支持直接读取 STL 文件，并具备在线式切片功能。用户可以在成形过程中根据需要随时改变参数，如分层厚度、扫描间距、扫描方式等。此外，该软件还提供了三维可视化功能，使用户能够更直观地观察打印过程和结果。

HK S 系列设备采用激光烧结技术，结合树脂砂和可消失熔模的成形材料，以及与铸造技术的结合，可以快速制造出发动机缸体、缸盖、涡轮、叶轮等复

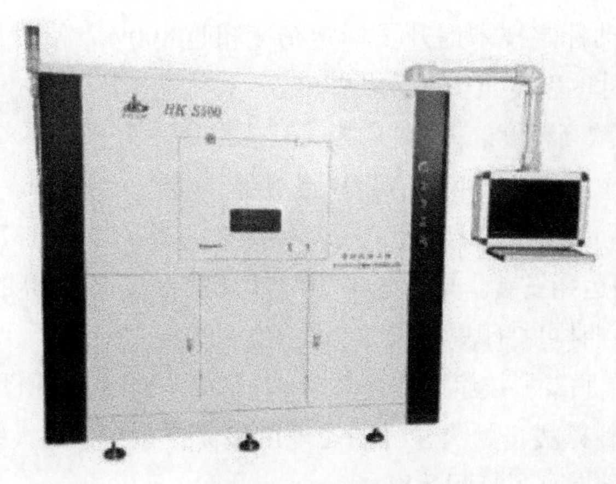

图 5-25 HK S500

杂结构的零部件。因此，它特别适用于高校、科研院所等需要制造复杂零部件的单位。

5.2.5 上海联泰科技股份有限公司

1. 公司简介

上海联泰科技股份有限公司（简称联泰科技）成立于2000年，是我国早期参与3D打印技术应用实践的企业之一，在3D打印领域具有广泛的行业影响力和品牌知名度。其技术被广泛应用于航空航天、电子电器、口腔医疗、文化创意、教育、鞋业、建筑等行业。

2. 公司产品介绍

1）Lite600是联泰科技推出的一款工业级光固化3D打印机（见图5-26）。该设备广泛应用于手板制造、电子电器、汽车制造、航空航天、建筑设计、玩具动漫等领域。自2013年问世以来，Lite系列以其高市场占有率脱颖而出。其大幅面3D打印机具备高稳定性、高效率和高精度，采用变光斑技术，为大幅面整体打印和小批量打印提供完整解决方案。

图 5-26 Lite600

该系列打印机搭载工业级AI智能算法和多路传感系统，从精度、效率和性能等多个方面进行了3D打印的优化。

其独有的振镜自动标定技术提升了标定精度超过 100%，使得打印更加稳定可靠，并将成形尺寸的精度至少提升了一倍。

Lite600 是一款高精度的 3D 打印机，其成形尺寸为 600mm×600mm×400mm，该打印机采用固态三倍频率 Nd：YVO4 激光器，波长为 355nm，扫描速度为 8~15m/s，能够实现高效率的打印。该打印机的机器尺寸为 1375mm×1295mm×1930mm，易于搬运和安装。与传统的 3D 打印机相比，Lite600 的打印精度更高，打印速度更快，同时可打印更大尺寸的模型。

2）Lite800 是联泰科技旗下的一款大幅面 3D 打印机（见图 5-27）。它采用了创新的液位控制算法，可快速且稳定地调整涂覆系统，大大缩短了液位调整时间，从而极大地提高了打印效率。

相比 Lite600，Lite800 的成形尺寸更大，可达到 800mm×800mm×550mm，非常适用于大型物体的打印需求。同时，它的精度也更为卓越，在不同尺寸的物体上都能呈现出出色的精细度。机器尺寸为 1555mm×1445mm×2215mm，紧凑的设计使其在工业生产场景中占用空间更小，适应性更强。

3）Lite600 2.0（见图 5-28）相较于上一代 Lite600 取消了大理石底座，采用碳钢结构代替。整体化结构稳定性高，零件配备更合理；重新设计零件模块化，零件数量减少 10%以上；提升稳定性，耐久度和使用寿命；模块化设计简单易维修，售后服务品质更佳。

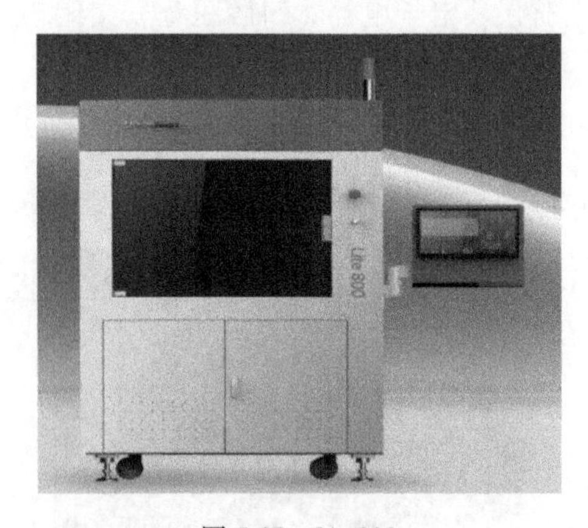

图 5-27　Lite800

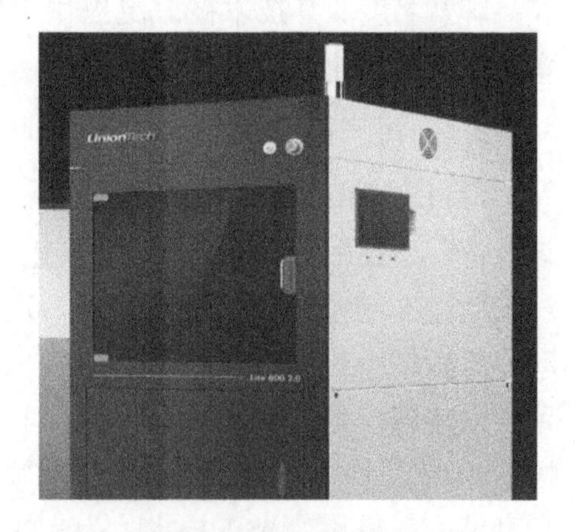

图 5-28　Lite600 2.0

该设备的操控台改为嵌入式，使用的时候采用侧旋转的方式拉出来，报警灯也可以旋转，降低了包装要求。免标定的设计，让出厂的标定参数和客户现场保持一致，保证生产研发的标定，减少现场的操作困难度，减少售后驻场时间，减少人工造成的精度误差，方便客户尽早使用。

4）Muees310 是联泰科技最新推出的一款工业级选区激光熔化金属打印机（见图 5-29）。该设备的成形尺寸为 310mm×310mm×400mm。对于尺寸 L 小于 100mm 的零件，其精度为±0.1mm，而对于尺寸 L 大于 100mm 的零件，精度为±0.1%L。该打印机采用掺镱光纤激光器，波长在 1060～1080nm 之间，能够实现高效且精准的打印效果。

Muees310 打印机的机器尺寸为 1845mm×1405mm×2640mm，非常紧凑，适用于各种生产场所。它适用于各个行业，能够用于原型制造、定制零件生产等领域。

5）Martrix520（见图 5-30）采用 LCD 面曝光技术，打印表面质量好，打印精度高，打印效率最高可达 50mm/h。Martrix520 打印机的成形尺寸为 298mm×165mm×320mm。光源波长为 405nm，该设备尺寸为 515mm×560mm×970mm。

图 5-29　Muees310

图 5-30　Martrix520

Martrix520 打印机采用自主研发科技内核，内置 Unionfab ONE 智能软件，可实现远程控制。独创 AI 智能监测功能，采用 DSCON 智能人机交互系统，配备 4K 高清液晶屏，让智能操作更容易。采用工业级高标准光路系统，配备自主研发的一体成形透镜技术，光源均匀性高达 90%以上，实现平行度再次升级。内置空气净化系统、智能监控系统及智能温控系统，支持远程监控，可随时查看成形过程。搭配空气过滤处理，能够有效去除树脂异味，创造良好工作环境。

5.2.6　苏州中瑞智创三维科技有限公司

1. 公司简介

2011 年，周宏志博士及其团队创立了苏州中瑞智创三维科技有限公司（简称中瑞科技，ZRapid Tech）。该公司致力于工业级 3D 打印设备、3D 打印软件以及 3D 打印材料的研发、生产、销售和技术服务，拥有全套自主研发的 3D 打印数据处理软件、3D 打印设备控制系统以及完全自主知识产权的全系列工业级 3D 打印机产品链。打印材料涵盖树脂、金属、聚酰胺、陶瓷、覆膜砂等种类。中瑞科技现为江苏省快速制造 3D 打印工程技术研究中心支撑单位，立足国际增材制造技术前沿。

2. 公司产品介绍

1）iSLA2100T 是中瑞科技推出的一款光固化 3D 打印机（见图 5-31）。该设备尺寸为 2700mm×1700mm×230mm，采用双激光器二极管泵浦固体激光器 Nd：YVO_4，波长为 354. 7nm，激光器功率可选 1000mW、2000mW、3000mW。用户可根据不同的材料和打印要求选择合适的功率，实现更广泛的适用性。此外，该设备是一款高性能的固体激光器打印机，适用于高精度和高效率的打印需求。

图 5-31　iSLA2100T

该设备采用双激光器设计，设备工作效率更高，打印速度更快，实现了更高的生产输出。激光器波长为 354. 7nm，确保了打印质量和精度，适用于对细节要求高的打印任务。该设备广泛适用于精密零部件加工、激光雕刻、激光打标等领域，操作便捷，性能稳定可靠。

2）iSLM800QN 是一款专为高精度打印需求而设计的先进打印机（见图 5-32）。该设备尺寸为 3150mm×2550mm×3950mm，适用于需要打印大型工件的应用场景。该设备配备了 4 个光纤激光器，并且激光器波长为 1064nm，功率可选 500W 或 1000W，能够满足不同打印需求。

iSLM800QN 能够将多种材料作为打印材料，包括不锈钢、模具钢、钛合金、铝合金、钴铬合金、镍合金、铜等。这意味着该打印机能够满足各行各业对于高品质打印的需求。除了多材料适应性，该设备还具有高精度和细节打印能力，借助其高功率激光器，能够实现精确的打印，保证打印品质。该设备配备了直

图5-32 iSLM800QN

观的触摸屏控制界面，用户可以轻松掌握操作技巧，快速上手使用。其打印速度快，能够提高工作效率，节省时间成本。

5.2.7 鑫精合激光科技有限公司

1. 公司简介

鑫精合激光科技有限公司（简称鑫精合）是一家专业从事金属制造的国家级高新技术企业。该公司以3D打印智能制造为依托，面向航空航天、航海、核电等高端制造领域，专业提供3D打印设备研发制造、复杂金属构件定制化产品制造、机加工与钣金焊接、产品设计与优化、软件定制开发、产品修复与再制作等解决方案。

该公司自主研发了LiM-X系列选区激光熔化设备、LiM-S系列同轴送粉设备、LiM-R系列激光熔覆设备以及特种行业定制化设备，已具有钛合金、铝合金、高温合金、铜、模具钢、不锈钢、高强钢等多种材料的成熟生产工艺，尤其对中大型零部件成形打印，有着成熟的解决方案。该公司的3D打印设备和许多技术成果已在航空航天、模具、教育、医疗、汽车制造、能源动力、轨道交通等诸多领域广泛应用。

2. 公司产品介绍

1）LiM-X1300属于选区激光熔化设备（见图5-33）。该设备具有大尺寸成形能力，成形尺寸为1300mm×650mm×1700mm，内含100mm标准基板厚度。激光功率提供了多种选择，包括IPG8×1000W、10×1000W和12×1000W。成形速度也很快：八激光，≥200cm^3/h；十激光，≥250cm^3/h；十二激光，≥300cm^3/h。

该设备的尺寸为 8m×5.5m×6m，主机和踏台结构紧凑，适合各种生产场所。它能够快速完成大型零件的成形，极大提高了生产率。

2）LiM-S1006 激光近净成形装备（见图 5-34）具有适中的成形尺寸，成形尺寸为 1000mm×800mm×500mm。激光器功率为 6kW，能够提供充足的能量来完成高质量的打印任务。进给速度为 1～2000mm/min，可根据需求进行调整，实现灵活的打印速度控制。

图 5-33　LiM-X1300

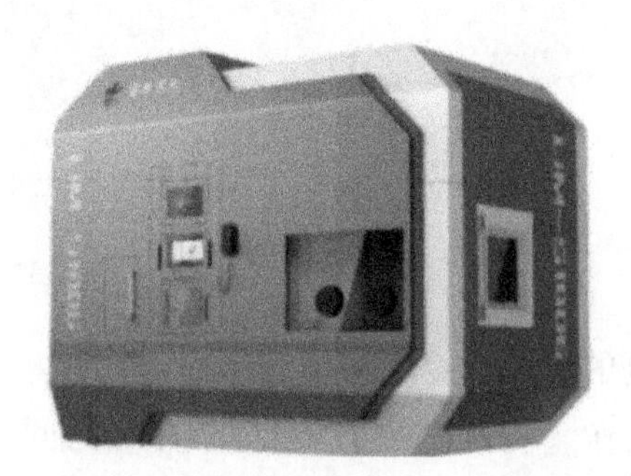

图 5-34　LiM-S1006

该设备适用于多种行业和应用场景。无论是原型制造、小批量生产，还是定制零件生产，它都能够胜任。其适中的成形尺寸和较高的激光功率，能够满足对于尺寸较大、复杂结构的零件的打印需求。进给速度调节范围广，能够根据不同材料和打印任务的要求，实现精确的打印控制。

5.2.8　深圳市创想三维科技股份有限公司

1. 公司简介

深圳市创想三维科技股份有限公司（简称创想三维）是全球消费级 3D 打印机领导品牌，国家级专精特新“小巨人”企业，国家高新技术企业。自 2014 年创立以来，该公司秉持“3D 打印产业布道者”精神，一直致力于推动全球 3D 打印技术的创新、应用和普及。该公司研产销体系完备，并与多所高校合作建立产学研基地，拥有 500 多项核心授权专利。

2. 公司产品介绍

1）K1 Max 打印机采用先进的熔融沉积成形技术（见图 5-35），可实现高精度的打印效果。成形尺寸为 300mm×300mm×300mm，为用户提供更大的打印空间，满足不同尺寸零件的需求。机身尺寸紧凑，仅为 435mm×462mm×526mm，占用空间小，便于搬运和放置。

K1 Max 打印机的打印速度可达 600mm/s，能够快速而高效地完成打印任务，极大提升了工作效率。打印精度达到 100mm±0.1mm，保证了打印品质的稳定性和准确度，使作品更加精致和完美；而且打印机操作简单，易于上手，功能强大，适用于各种不同的打印项目。

图 5-35　K1 Max

该设备配备慧眼 AI 摄像头，可提供更智能的打印监控和辅助功能。采用 CoreXY 运动结构，可实现更稳定和精准的打印运动。最快打印速度为 600mm/s，最快加速度为 20000mm/s^2，可提高打印效率和质量。超大流量为 32mm^3/s，可满足对打印速度和材料流量要求较高的应用场景。

2）HALOT-MAGE（见图 5-36）是一款高精度且操作方便的树脂打印设备。它的成形尺寸为 228mm×128mm×230mm，能够满足各种尺寸的打印需求。小巧的机器尺寸为 333mm×270mm×608mm，净重为 12kg，方便放置和使用。采用 405nm 波长光敏树脂，保证打印品质稳定。配备 4.3in（1in＝25.4mm）彩色触摸屏，操作简便。打印速度快，每层打印时间只需 1～5s。该设备适用于需要高精度和细节的打印需求，能满足工业应用和个人创作。

3）CR-10 SE（见图 5-37）的打印尺寸为 220mm×220mm×265mm，机身尺寸为 490mm×470mm×625mm，并配备柔性打印平台来适应不同的打印需求。用户操作方便，配备 4.3in 彩色触控屏。该打印机打印速度高，最高可达 600mm/s，在保证打印效率的同时，也保证了打印品质的一致性。

图 5-36　HALOT-MAGE

图 5-37　CR-10 SE

CR-10 SE 打印机支持多种耗材，包括 ABS、PLA、PET、TPU 等，能够满足各种材料的打印需求。该设备还具有断电续打、自动平台校准等功能，提高了用户使用体验。CR-10 SE 打印机既高效又多功能，非常适合工业应用和个人创作。

5.2.9 南京中科煜宸激光技术有限公司

1. 公司简介

南京中科煜宸激光技术有限公司（简称中科煜宸）成立于 2013 年，是一家专业从事激光增材制造装备（3D 打印机、激光修复）、智能激光焊接装备、自动化生产线、核心器件的研发与制造的国家级高新技术企业。该公司立足于自主创新，致力于打造激光完整产业链，逐步在东北、华东、华中、西南区域分别布局建设了研发中心、应用示范中心、营销中心及加工制造服务基地。

2. 公司产品介绍

1）LDM4030 是一款专为高精度和高效率打印需求而设计的激光打印机（见图 5-38）。其成形尺寸 400mm×400mm×400mm，为用户提供了更大的打印空间，满足各种规模的打印需求。最大定位速度高达 5m/min，为用户节省了宝贵的时间，提高了工作效率。

该打印机采用光纤或蓝光激光器，激光功率可选 1kW 或 2kW，可满足多种材料的打印需求。适用材料包括钛合金、铝合金、镍基合金、铁基合金、模具钢、不锈钢、铜合金、低合金钢等，可为用户提供一个多功能的打印解决方案。

图 5-38　LDM4030

该打印机有许多优势：①致密度高，打印零件的致密度高达 99%，力学性能优于铸件；②缩短周期，在小批量、定制化方面拥有绝对优势，可降低 60% 以上的时间成本；③环保循环，可在磨损的零件上打印，修复磨损处，使废旧零件重新被利用；④可靠性，惰性气体环境下加工，活泼金属不会被氧化，安全可靠；⑤独特性，可将不同材料打印成单一样品，并使其产生成分比例渐变。该设备操作简便，配备触摸屏控制界面，用户可以轻松操作，快速上手。打印速度快，能够提供高品质的打印服务，满足用户的各种需求。

2）RS280 是一款专为高精度和高效率打印需求而设计的机型（见图 5-39）。其成形尺寸为 280mm×280mm×350mm，提供了宽敞的打印空间，适用于各种规模的打印需求。

该设备采用 500W 单模光纤激光器（双光可选），提供高品质的打印服务，且激光功率和扫描速度高度匹配，可为用户提供高效的打印解决方案。

该设备的最高扫描速度≥7.0m/s。氩气或氮气的工作环境，保证了打印过程中的稳定性和可靠性。

该设备具有智能控制系统，操作简单，可视化程度高，非常易于上手；还具有高效铺粉、精密运动、多重安全互锁、高效反吹过滤等特点。

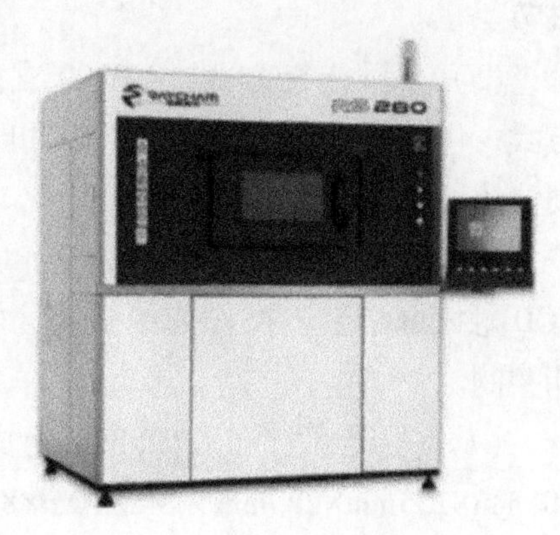

图 5-39　RS280

5.2.10　北京太尔时代科技有限公司

1. 公司简介

北京太尔时代科技有限公司（简称太尔时代）是一家高新技术企业，专注于快速成形系统、快速制模设备和专用耗材的开发、设计、生产和销售。作为高科技制造型企业，太尔时代具备强大的科研基础和研发实力，拥有全系列产品及其工程化开发流程的完全自主知识产权。该公司能够大规模生产世界先进的数字熔融挤压快速成形制造系统，实现了产、学、研的有机结合。

该公司的产品广泛应用于工业制造、航空航天、动漫设计、医疗和教育等多个领域。

2. 公司产品介绍

UP300 是一款采用先进的熔融挤出成形工艺的高性能 3D 打印机（见图 5-40）。它具有以下特点：

（1）多功能喷头　UP300 配备了三种喷头，喷嘴直径为 0.2mm、0.4mm、0.5mm（TPU）、0.6mm，可满足不同打印需求。

（2）高温打印　喷头最高温度达到 299℃，使得 UP300 能够处理高温材料，实现更广泛的应用。

（3）快速打印速度　喷头最大行驶速度达到 200mm/s，大幅缩短了打印时间，提高了工作效率。

（4）精准定位　*x*、*y*、*z* 轴的精度分别为 2μm、2μm、0.5μm，确保打印结果的精度和细节。

（5）多种连接方式　UP300 支持多种连接方式，包括 USB 线、Wi-Fi、LAN 和 USB 棒，方便快捷地传输打印文件。

（6）用户友好界面　配备一台 4.3in 全彩色 LCD 触摸屏柜台，操作简单直观，轻松掌握打印控制。

图 5-40　UP300

（7）大尺寸打印　UP300 的成形尺寸为 205mm×255mm×225mm（8in×10in×8.8in），可满足对大尺寸打印的需求。

（8）卓越打印质量　打印精度为±0.1mm/100mm，图层层厚可选择 0.05mm、0.1mm、0.15mm、0.2mm、0.25mm、0.3mm、0.35mm、0.4mm，可实现精细和高质量的打印。

（9）温控系统　打印底板最高温度可达 100℃，确保打印过程中材料的稳定性和黏附性。

5.3　国内部分 3D 打印核心器件生产企业介绍

5.3.1　大族激光科技产业集团股份有限公司

大族激光科技产业集团股份有限公司（简称大族激光）是我国激光装备行业的龙头企业，创立于 1996 年，总部位于深圳，是全球排名前三的工业激光加工设备制造商。旗下的大族激光智能装备集团，涉及激光器、机床、自动化生产线、功能部件、数控系统等核心技术领域，建立了国内领先的激光智造联合实验室和激光技术应用研究中心，其中包括激光切割、焊接、熔覆、清洗以及 3D 打印等各种工艺研究。大族激光的 3D 打印产品线主要用于研发 3D 打印设备，包括 M100、M160、M260、M400、M600 等设备，其中 M100 针对齿科行业，M160 则主要针对义齿支架，M260 则适用于模具、航空航天、科研等各行业。此外，其子公司大族思特科技有限公司则致力于提供振镜系统扫描解决方案，并在金属 3D 打印核心部件——单/双振镜系统方面取得了突破。

5.3.2 武汉锐科光纤激光技术股份有限公司

武汉锐科光纤激光技术股份有限公司（简称锐科激光）是一家专业从事光纤激光器及其关键器件与材料的研发、生产和销售的国家火炬计划重点高新技术企业，拥有高功率光纤激光器国家重点领域创新团队和光纤激光器技术国家地方联合工程研究中心，是全球有影响力的具有从材料、器件到整机垂直集成能力的光纤激光器研发、生产和服务供应商。锐科激光是一家能够实现所有核心器件自研自产的激光器厂家。

锐科激光研制的3D打印系列激光器采用全新的设计，优化了功率监控系统，有效地抑制高阶模，在结构更加紧凑的同时实现了高稳定、高光束质量的激光输出。锐科激光为该系列激光器提供高度定制化的QBH/QCS激光输出跳线，可适应打印设备用的主流光学系统，为客户完成高质量的打印任务。

5.3.3 深圳市杰普特光电股份有限公司

深圳市杰普特光电股份有限公司（简称杰普特）成立于2006年，是一家集研发、生产和销售激光器、激光/光学智能装备和光纤器件于一体的国家级高新技术企业。作为国内的光纤激光器头部厂商，杰普特已经全面覆盖了20~40000W范围内的连续光纤激光器，可为金属3D打印光源提供多种选择。

在产品方面，杰普特的连续光纤激光器具备实时监控和报警提示功能。通过控制接口和标配软件，用户可以随时了解激光器的运行状态，并记录运行数据。激光器采用了水冷散热和上架式机箱设计，具有高电光转换效率、低能耗、紧凑结构、免调节维护、光纤柔性传导输出等优点，为金属3D打印提供了理想的光源选择。

为了实现更好的3D打印效果，满足市场需求，杰普特特别推出了高配版的500W/1000W激光器，优化了光束质量并对性能进行了优化，以更好地应用于3D打印，并可根据客户的工艺需求进行定制。

5.3.4 爱司凯科技股份有限公司

爱司凯科技股份有限公司（简称爱司凯）成立于2006年，于2016年在深圳证券交易所创业板成功挂牌上市。爱司凯是一家致力于工业打印核心技术研发和多技术［微机电系统（MEMS）、大功率激光、精密制造及智能控制］融合的高新技术企业。该公司一直坚持用数字化、智能化、绿色化的打印技术颠覆传统制造业，目前已掌握三大核心技术：激光技术、压电式喷墨打印技术和精密运动控制系统。

2023 年 9 月在沈阳铸造展会上，爱司凯发布了一款全新研发的 3D 砂型打印专用喷头和风暴 S1800 3D 砂型打印机。这一发布标志着我国在黏结剂喷射核心元器件方面已经实现了国产化替代。根据相关技术负责人的介绍，这款创新的喷头经过长达 10 年的研发，成功攻克了压电喷墨打印头构造和零部件方面的难题，并且针对 3D 打印喷头采用了定制化的改善方案，解决了实际应用中喷头堵头的问题。这款 3D 砂型打印专用喷头具有 6 个发明专利和 25 个实用新型专利，实现了喷头解决方案的 100%国产化。

参 考 文 献

[1] 刘克琴，李美英，姜惠敏. 新型增材制造技术 3D 打印对产业格局的影响与挑战 [J]. 科技创新导报. 2020，17 (21)，157-159.

[2] WALKER D A，HEDRICK J L，MIRKIN C A. Rapid，large-volume，thermally controlled 3D printing using a mobile liquid interface [J]. Science，2019，366 (6463)：360-364.

[3] 赵颖烈，赵立全，闫尚荣. 3D 打印技术在铸造行业的应用研究 [C] //中国铸造协会，《铸造工程》杂志社. 第十九届中国铸造协会年会论文集. 北京：中国铸造协会，2023.

[4] STEENHUIS J H. Additive manufacturing in the 4th industrial revolution：impact of 3D printing on business and industry [M]. Taylor and Francis，2023.

[5] HAQ U I M，RAINA A，NAVEED N. 3D printing and sustainable product development [M]. CRC Press，2023.

[6] STEPHANIE T，JONATHAN T. 3D Printing：An Introduction [M]. Herndon：Mercury Learning and Information，2019.

[7] IAN WIMPENNY D，PANDEY P M，JYOTHISH KUMAR L. Advances in 3D printing additive manufacturing technologies [M]. Singapore：Springer，2017.

第 6 章 3D 打印的应用

随着3D打印技术的飞速发展，其在航空航天、汽车、医疗、食品、建筑、日用品、文物考古、教育和军工等多个领域的应用越来越广泛，涌现出了如3D打印的火箭零部件、汽车零部件、人体植入物、建筑等众多创新产品。在此背景下，多个国家已将3D打印技术纳入国家战略性技术发展的重要方向。例如，美国将增材制造技术列为国家制造业的首要战略任务，而我国在《产业结构调整指导目录（2023年本，征求意见稿）》中明确提出了3D打印在交通运输、高端制造、建材、医药、机械、汽车和智能制造等领域的发展方向，将3D打印技术的发展推向了前所未有的高度。本章将介绍3D打印在相关领域中的应用情况。

6.1 3D 打印在航空航天领域的应用

6.1.1 探月工程方面

月球科研站建设是我国探月工程远景规划中关键的一环，而月壤原位固化是月球科研站建设和资源原位利用的重要研究内容，可在月球就地取材作为建筑材料，减少对地球资源的依赖，是目前月球资源原位利用领域的重要研究方向。

2022年7月，华中科技大学成功制备出国内首个模拟月壤真空烧结打印样品，并进一步设计了名为“月壶尊”的月面基地建筑物。目前，他们给出的最佳方案是将我国传统制砖砌筑的建造方式与3D打印建造方式相结合，采用整体预制拼装、局部打印连接的方式，设计建造月面基地（见图6-1）。

首先，利用太阳能或激光烧结月壤制备出带有榫卯结构的月壤砖，然后由

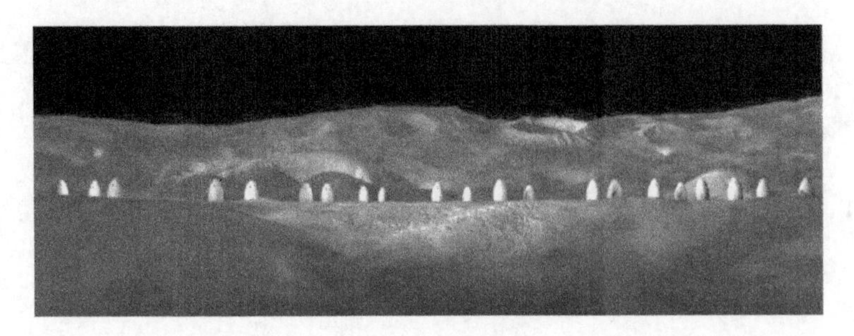

图 6-1 月面基地

机器人进行砌筑，同时用 3D 打印来加强连接，避免结构变形弯曲。无论是 3D 打印，还是烧结都可融入“月蜘蛛”机器人（见图 6-2）身上，这款 3D 打印机器人，远看像蜘蛛，上部分是混联机械臂，下部分是多足平台，施工时机械臂也可换成 3D 打印机。但是月球极端的环境对 3D 打印也是一个非常大的挑战，目前月壶尊项目还仍然是实验室产品，还没有经历实际任务考验。根据《长江日报》的报道，我国已经完成了 3 种烧结试验，这些试验使用的是用于月球建房的月壤砖，而且预计在 2028 年，嫦娥八号将在月球上进行 3D 打印房屋测试，将在真实的月球环境中验证利用月壤进行 3D 打印的技术。2023 年 7 月，北京航空航天大学李峰教授、周思齐博士团队已经获得了初步进展，通过模拟月球土壤成功 3D 打印出了样砖（见图 6-3）。

图 6-2 “月蜘蛛”机器人

图 6-3 3D 打印的模拟月球土壤样砖

未来如果这项技术成熟，到月球，或者到火星之后，我国航天员建设基地的材料可以直接就地取材，成本大幅降低。目前西北工业大学的研究团队，已经成功利用火山岩、砂岩等材料 3D 打印出了各种复杂结构，作为今后我国星际飞船和基地的技术探索。目前研究出的 3D 打印的板材，甚至可以抵御微型陨石袭击。

6.1.2　零部件生产方面

3D 打印技术可以用于制造航空航天领域的各种零件，包括金属零件、非金属零件和复合材料零件等。例如，在航空发动机制造中，3D 打印技术可以用于制造航空发动机的燃油喷嘴、燃烧室和涡轮等高性能零件。轻量化、高强度、复杂结构、小批量制造等 3D 打印的核心优势使得 3D 打印制造出来的金属零部件完全符合航天领域对未来设备制造的要求。

3D 打印技术可以用于制造封闭蒙皮包裹三维点阵层级结构的支撑结构。这种结构可以有效地提高支架类结构的设计效率，同时减少使用传统制造方法所需的材料和时间。例如，中国航天科技集团 529 厂已经成功应用 3D 打印技术制造出满足“嫦娥”系列和火星探测器等新一代轻量化航天器发展需求的零件和支撑结构。

波音公司已经生产了数万件 3D 打印的飞机零部件，空中客车公司的 A350 客机中 3D 打印的零部件超过 1000 个。这些 3D 打印零件还可以使航空航天领域变得更加环保，因为它可以通过降低飞行中的二氧化碳排放量来减少该行业的碳足迹。如今，空客直升机公司已使用金属 3D 打印机批量生产飞机部件，以此实现了两个目标——轻质结构和节省燃料。图 6-4 所示为欧瑞康 3D 打印的空客卫星部件。

图 6-5 所示为美国 Boom Supersonic 公司于 2020 年底推出的 XB-1 超音速飞机，其飞行速度可以和目前已经停用的协和式飞机媲美。XB-1 超音速飞机的优点之一是它启用了大量的 3D 打印零部件，整机一共使用了 21 个 3D 打印的钛合金零部件，应用于发动机和环境控制系统。

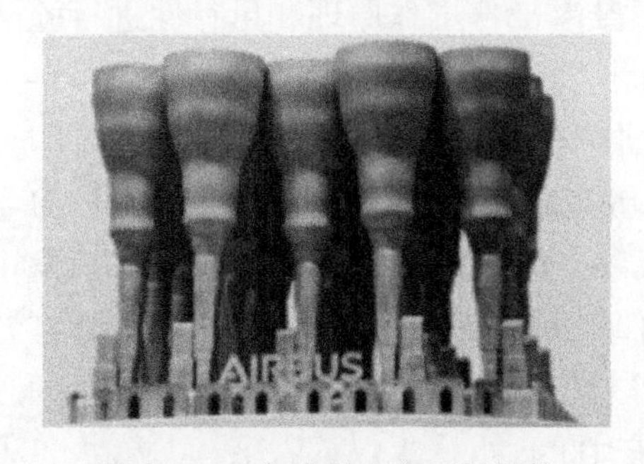

图 6-4　3D 打印的空客卫星部件

图 6-5　XB-1 超音速飞机

2023 年 10 月，美国五角大楼宣布希望将 3D 打印纳入其高超音速吸气式武器概念中。3D 打印技术将用于创建超燃冲压发动机推进系统，这是高超音速发动机的基本系统，需要复杂的燃烧室并且非常难以制造。3D 打印技术的引入将有助于加快这一零件制造过程。

就我国国内而言，国产大型客机 C919 上装载了 23 个 3D 打印零部件，分别应用在 C919 前机身和中后机身的登机门、服务门以及前后货舱门上。其中，中央翼缘条零件是金属 3D 打印技术在航空领域的应用典型，其最大尺寸为 3070mm，最大变形量小于 0.8mm，整个力学性能通过飞机厂商的测试，其材料性能、结构性能、零件取样性能、大部段强度全部满足 C919 飞机的设计要求，包括疲劳性能在内的综合性能，也优于传统锻件技术。如果采用传统制造方法，此零件需要超大吨位的压力机锻造而成，不但费时费力，而且浪费原材料。金属 3D 打印技术的使用在很大程度上缩短了我国大飞机的研制，使研制工作得以顺利进行。

6.2 3D 打印在汽车领域的应用

6.2.1 研发方面

利用 3D 打印技术，汽车设计师可以在数小时或数天内制作出概念模型。将绘制的 3D 模型数据直接输送至 3D 打印机，即可在短时间内将实体模型打印出来快速制造原型，加快新车研发效率。汽车厂商可以利用 3D 打印的快速成形特点将其用于汽车外形设计的研发。而传统的汽车车型设计模式是设计师绘制出汽车的模型，然后通过人工加器械的方式打造出一款新型的汽车外观。这种模式成本高，耗费时间长。和传统的手工制作油泥模型相比，3D 打印能更精确地将设计图转换成实物，而且用时更短，很大程度上提高了汽车设计层面的生产率。

许多前沿汽车制造企业已经将 3D 打印技术应用于汽车研发过程。3D 打印应用到汽车零部件研发过程中，可快速对复杂零部件工作原理和可行性进行验证，省去了模具开发的工序，还能减少时间和资金的投入。早在 2005 年，一汽-大众便引进了熔融沉积成形、立体光固化成形和选区激光烧结三种主流 3D 打印技术。从最早的 3D Systems iPro8000 SLA 光敏树脂设备，到后来的 Stratasys FDM Fotus 450 以及湖南华曙的 SS402P SLS 设备，一汽-大众将其应用于所有新车研发中，制作 3D 打印原型件、展示件、试验零件等。仅在 2018 年，宝马集团 3D 打印的零部件就超过 20 万个。2018 年 5 月，宝马集团投资 1000 余万欧元在德国建立全新的增材制造（3D 打印）研发和生产中心。

6.2.2 零部件生产方面

汽车在日常作业过程中面临的工况、车面复杂的曲面构成、整体的造型较为复杂。一般汽车的外板为薄板件，需要对曲面进行定位。在曲面加工过程中作业时间较长，加工成本较高，一旦出现问题时无法更改，需要进行返工处理。因此，可以将 3D 打印技术应用到工装夹具与造型评审中，首先对于复杂曲面的微分化，先采用 3D 打印出临时的工装样件，借助样件进行调试，待调试完成后再继续生产，有效缩短了整体的调试时间。以 SV61 车型为代表进行分析，基本上只需进行两次更改，在实际调试之后可以安装铝合金，控制整体的铸造成本。

轮毂制造商 HRE Wheels 与 GE 公司的增材制造团队开展“HRE 3D+”项目，开发了新型的钛合金 3D 打印赛车轮毂，如图 6-6 所示。赛车轮毂的传统生产方法是使用数控加工，需要通过切削过程去除 80%的材料，而 3D 打印制造的这款新轮毂仅有 5%的材料废弃率。

随着人们对汽车轻量化、个性化、智能化需求不断提升，传统制造工艺存在的局限性越来越明显，3D 打印技术的出现则可以有效地满足这些需求。3D 打印技术在汽车零部件制造中的应用主要包括：

1）制造结构复杂的零件。

2）多材料复合零件：进行多材料、多颜色一体成形，实现零部件的不同部位对材料性能和颜色的不同要求。

3）对零部件的结构进行最优设计实现轻量化结构零件。

4）个性化定制零件。

5）小批量零件。

6）应急零部件。

7）功能性测试原型。

图 6-7 所示为方程式赛车中使用的 3D 打印的碳纤维成品部件，图 6-8 所示为保时捷中使用的 3D 打印的活塞。

图 6-6　3D 打印的赛车轮毂

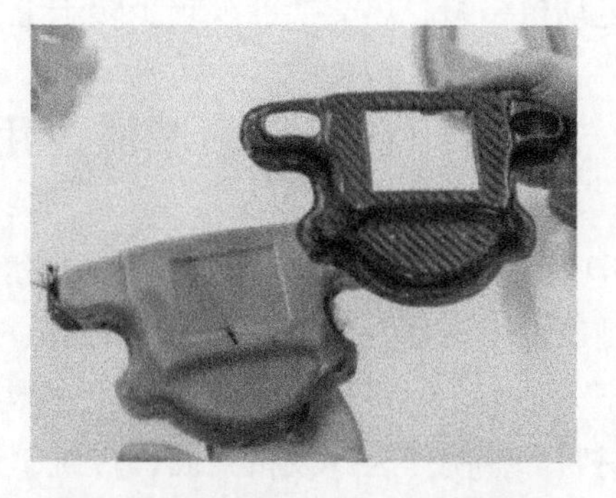

图 6-7　3D 打印的碳纤维成品部件

6.2.3 分布式生产方面

汽车行业是一个高度集中的产业，大量的零部件被运往工厂，在生产线上组装成整车。再运往全球各地进行销售。由此，需要使用大量的运力。而 3D 打印可以实现分布式生产，在当地 3D 打印出底盘、各种零件再进行组装。图 6-9 所示为宝马开发的 M850i 夜空特别版中 3D 打印的制动卡钳。

图 6-8 3D 打印的活塞

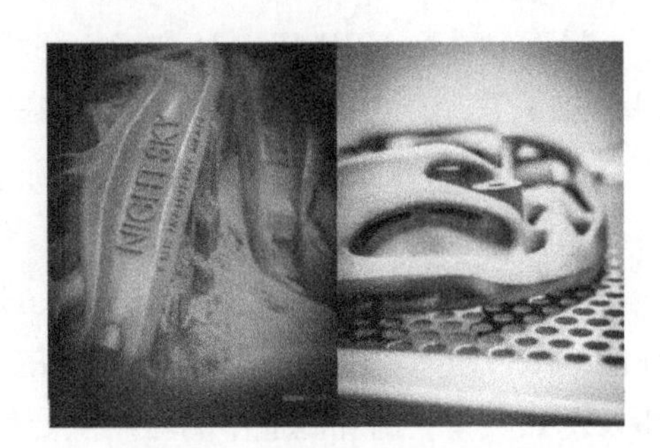

图 6-9 3D 打印的制动卡钳

目前，3D 打印技术可以用来打印整车底盘、车架和车门等，而且 3D 打印可以整合多个部件，一体打印出来，不仅可以减少装配时间，还可以提升牢固度，但是离量产还有一定距离。不过近年来，各种 3D 打印的汽车、电动车也是层出不穷，相信在不久的将来，3D 打印技术在汽车领域的应用会逐步扩大并不断走向成熟。

未来，3D 打印电动机极有可能成为 3D 打印在汽车产业中的重要应用技术。当前，世界上的电动机研发团队已将大量精力转移到将 3D 打印集成到电动机生产周期中，以实施更强大、更高效的拓扑优化下一代电动机方案。预测在未来几年内，原型拓扑优化电动机组件的 3D 打印将急剧增加，最有可能集中在 3D 打印电动机绕组、热交换器和同步转子上。

6.3 3D 打印在医疗领域的应用

3D 打印在医疗领域的应用日益增多。通过 3D 打印，医学研究人员能够更准确地制作出患者身体的各种医疗器械。这项技术的基本原理就像在搭积木一样，把一个个小的零件拼成一个完整的构造，这些零件可以是塑料、金属、陶瓷等材料。在制作医疗设备方面，传统制造方式，有时需要进行大量手工调试，往往浪费大量时间和资源。但是，3D 打印的制造方式可以快速准确地制作出复杂的器械，甚至可以制作出植入体或组织模型。从1995年至今，生物3D打印技术经历了四个发展阶段。

第一阶段是生物3D打印技术的初级阶段。这一阶段的生物3D打印技术使用的材料不具备生物相容性，不能直接用于人体的疾病治疗或是器官更换，只能用于制造医疗器械、手术辅助模型。复旦大学附属中山医院就曾利用3D打印技术构建出了实体三维模型，辅助完成了经导管主动脉瓣置换手术。

第二阶段是使用具有生物相容性但不可降解的材料制造医用永久性植入物，如假肢、假耳移植物、心脏支架等。世界范围内首次完成的肿带不定形骨重建手术的成功，就是来自利用钛铝合金通过3D打印制造出与病人锁骨和肩胛骨病损部位完全一致的假体。

第三阶段相较于第二阶段而言，选择的材料不仅兼顾了生物相容性和可降解性，而且在提高安全性的同时，技术方面也成熟了许多，可以打印出骨、皮肤等组织工程支架，促进人体组织的再生与修复。广州迈普公司研发出的可吸收硬脑膜补片就是一个显著的成功案例，可吸收硬脑膜补片以聚乳酸为打印材料，最终可在人体内降解成二氧化碳和水，不会在体内残留任何异物。

第四阶段是以活细胞、蛋白及其他细胞外基质为材料，3D打印出的产品能够具有生物活性，第四阶段成为生物3D打印技术最具有历史意义的一个阶段。

3D打印技术最为显著的两大优点就是对结构的可控设计和对材料的高利用率，因此，生物3D打印技术在生物材料的个性化定制及加工方面具有得天独厚的优势。

6.3.1 医学模型制作方面

通过3D打印技术，医生和研究人员可以方便地制作出真实的人体模型。这些模型可以用于手术前的规划和预测，帮助医生更好地了解患者病情，从而提供更为精确的治疗方案。医生可以使用3D打印模型来更准确地进行手术计划，指导手术的具体过程。例如，在复杂的脑部手术中，医生可以通过3D打印出的脑部模型（见图6-10）进行手术模拟，熟悉手术步骤，减少手术风险。在复杂的肿瘤手术中，医生可以使用3D打印模型来确定肿瘤切除的边界和植入物的尺寸，从而提高手术的准确性和成功率。

6.3.2 器官制作方面

人工器官是3D打印技术在医学领域的又一重要应用。通过将患者的CT或MRI等影像数据转化成3D模型（见图6-11），医生可以根据患者个体化的需求，

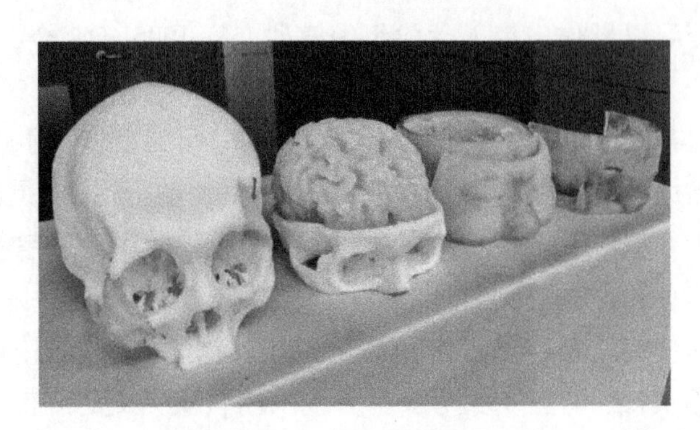

图 6-10　3D 打印的脑部模型

定制适合特定患者的人工器官。这对于等待器官移植的患者来说是一个重要的突破。3D 打印技术还可以制作仿生材料，用于修复受损的组织和器官，为患者恢复健康提供了新的途径。2019 年，以色列科学家运用人体的脂肪组织打印出了一个结构较为完整的心脏（见图 6-12），具备细胞、血管、心室和心房。这意味着生物 3D 打印技术取得了历史性的突破，也让人们看到了生物 3D 打印技术在未来制造出可用于移植的器官的巨大可能性。

血管组织工程对于治疗全球死亡人数最高的疾病——冠心病，具有非同凡响的意义。运用 3D 打印技术制造人工血管需要合适的水凝胶材料和三维细胞培养技术，这也是当前研究人造血管所需突破的重难点。目前，已经出现以血管脱细胞外基质血管与海藻酸钠混合制备的复合生物墨水为材料，采用 3D 同轴打印技术构建出的载药细胞型生物血管，能够有效促进内皮祖细胞的存活和分化，在治疗缺血性疾病、提高新生血管率、挽救缺血肢体等方面意义重大。

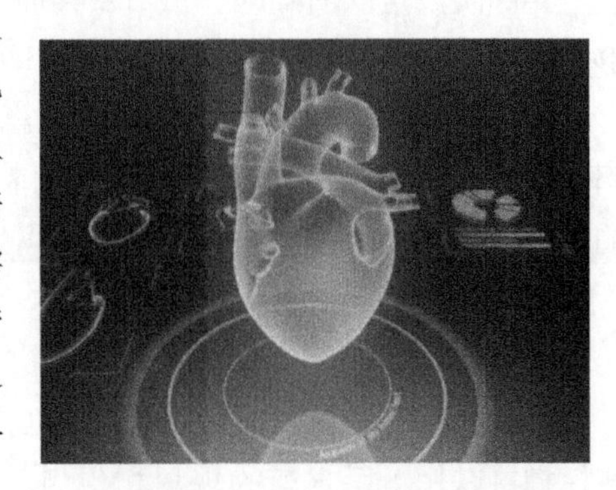

图 6-11　人工心脏 3D 模型

6.3.3　药物研发方面

在传统的药物研发过程中，需要大量的试错和试验，不仅费时费力，还存在一定的风险。而通过 3D 打印技术，药物研发可以更加快速、精确地进行。研究人员可以利用 3D 打印技术制作出微型药物递送系统，实现药物的定制化制备（见图 6-13）。这不仅提高了药物疗效，还减少了不必要的药物剂量，降低了患者的药物副作用。

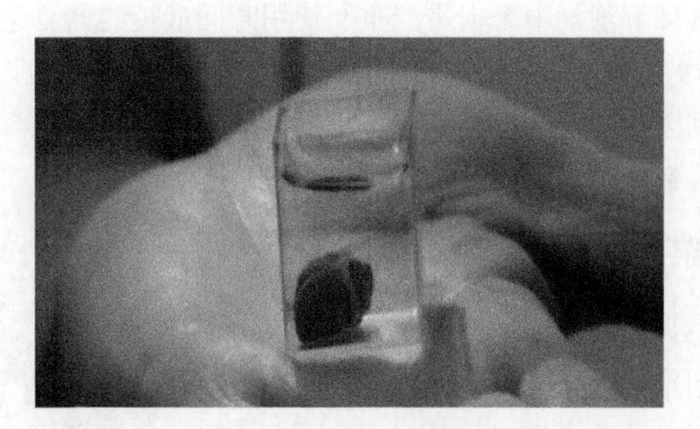

图 6-12　3D 打印的较为完整的心脏

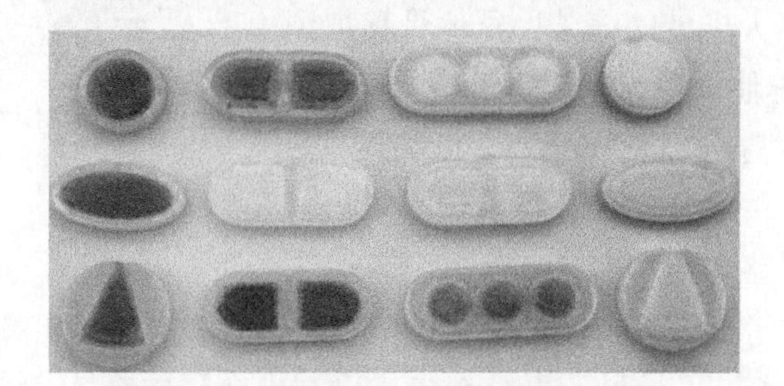

图 6-13　3D 打印的药物新剂型设计

6.3.4　义肢制造方面

对于失去四肢的患者来说，他们非常希望能重新获得自由活动的能力，而 3D 打印技术为这些患者带来了福音。通过将患者残缺部分的数据进行扫描和建模，医生可以制作出符合患者需求的个性化义肢。这些 3D 打印的义肢（见图 6-14）不仅更加舒适，符合人体工程学，还可以大大提高患者的生活质量。

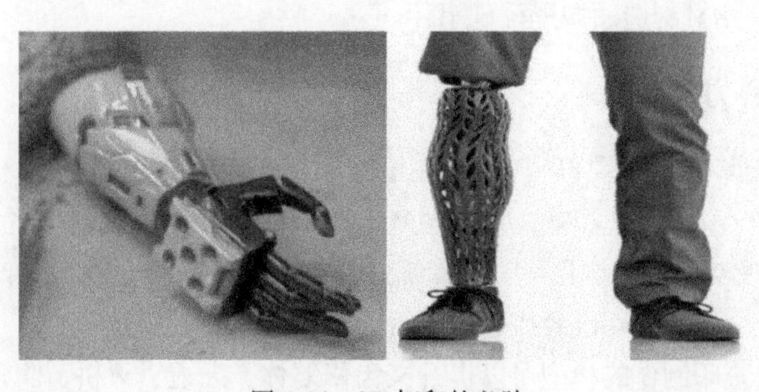

图 6-14　3D 打印的义肢

膝关节是人体解剖学中磨损最严重、使用时间最短的器官之一。一种名为 BioNeek 的先锋护膝是一种超轻型 3D 打印的外骨骼（见图 6-15），它有助于支撑膝盖受损的任何人的膝盖质量。这种外骨骼由四川聚安惠科技有限公司设计生产，使用 PEEK 材料进行 3D 打印。

6.3.5 骨组织修复方面

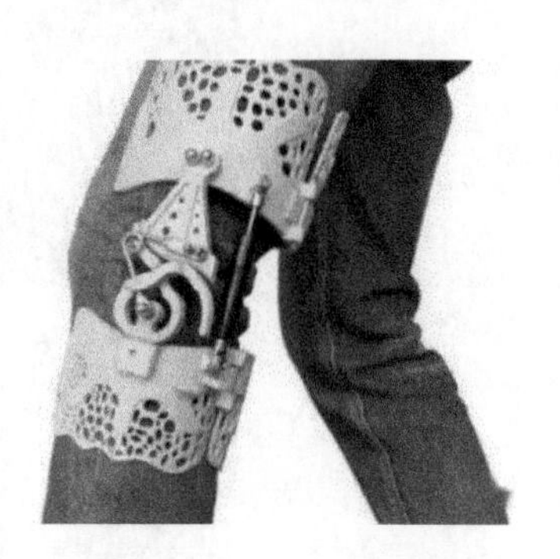

图 6-15 3D 打印的外骨骼

临床上能够用于骨修复的材料一直处于供小于求的状态。目前临床上所使用的治疗方案大致分为两种：一种是自体骨移植，另一种则是异体骨移植。自体骨取自患者自身，不仅取骨量有限，而且还有可能增大患者的痛苦；异体骨移植则由于免疫系统的排他反应，一直以来存在着风险。而 3D 打印骨组织技术工程的出现，则为寻找风险较低、生物相容性良好的人工骨组织修复材料开拓了一条新的思路。

2009 年，北京大学第三医院骨科关节组负责人张克教授带领骨科关节组团队将 3D 打印技术引入骨科，历经 6 年，研制出我国首个 3D 打印人工髋关节产品。

2015 年 8 月，北京爱康宜诚医疗器材有限公司（简称爱康医疗）的 3D ACT 人工髋关节系统作为全球第一个经过临床验证的内植入物产品获准上市。至今，已累计植入量 2000 余例，其中翻修量占总量的 25%以上。

2023 年 11 月 30 日，湖南华翔医疗科技有限公司获得以钽金属粉末为材料的 3D 打印仿生骨小梁结构“多孔钽髋关节填充块”三类医疗器械注册证。该产品采用华曙高科金属 3D 打印技术研发生产，是我国医疗领域又一重大技术突破，为钽金属增材制造领域里程碑事件。

6.3.6 齿科方面

在过去十年里，齿科 3D 打印正在逐渐颠覆牙科行业。3D 打印和扫描技术对口腔修复产生了许多影响，可以生产出比以前更精准、更有效的口腔应用，同时加快了周转率，相当于只用了传统方法的小部分时间，就能生产出口腔应用。如今，齿科 3D 打印已经成为这个行业必不可少的一部分。

齿科 3D 打印制作的模型可以提升义齿修复体、牙冠、牙桥、隐形牙套、咬合板等应用的生产精度，或是在牙科手术和解剖学教育中用以视觉辅助工具。

在牙科植入手术中也具备重要作用。事实上，可以通过建立3D打印模型来更换缺失的牙齿。

与传统方法对比，3D打印技术能更快地生产更换牙齿并且更准确，它也是一种更简单和经济的方法。具体应用如下：

（1）种植手术导板　口腔种植手术数字化3D打印导向模板，是将术前虚拟设计的种植体方案精确转移至患者口内的个性化手术辅助工具。光敏树脂3D打印的植牙导向模板如图6-16所示。

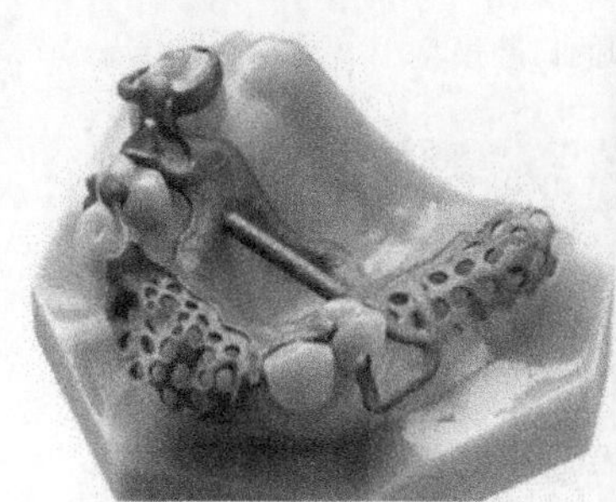
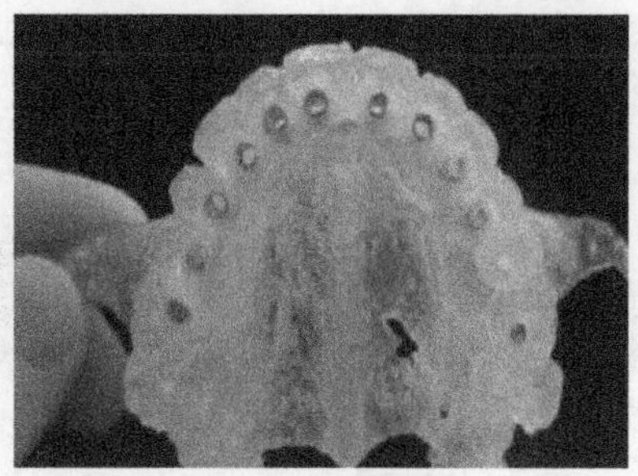

图6-16　光敏树脂3D打印的植牙导向模板

（2）隐形矫正牙套　相较于此前先生产正畸模型再进行牙套热塑压片生产，直接3D打印隐形矫正牙套（见图6-17）是齿科医疗3D打印技术上的一大突破。该技术不需要牙模压片，根据患者数据可直接生产定制化的隐形矫正牙套，从而提升了患者就医体验。

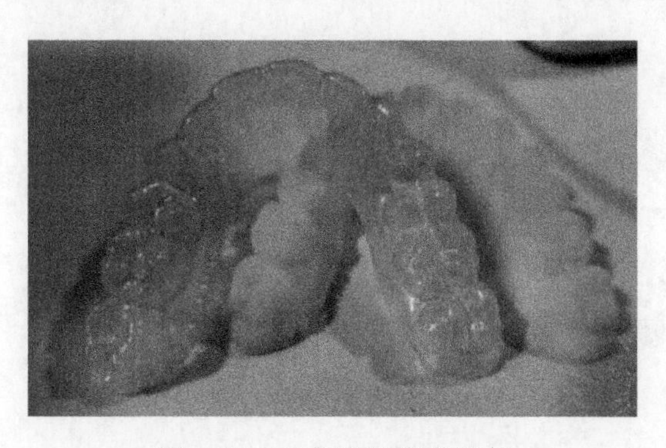

图6-17　3D打印的隐形牙套

（3）修复模型　根据口腔扫描仪或其他3D扫描仪得到的牙齿数据，采用3D打印技术打印修复模型。图6-18所示为3D打印的口腔模型。

（4）牙模与临时冠　采用3D打印技术可打印临时牙冠（见图6-19）或临时牙桥。

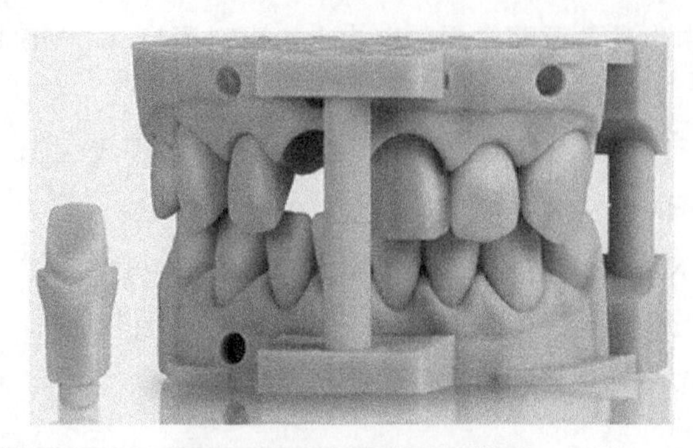

图 6-18　3D 打印的口腔模型

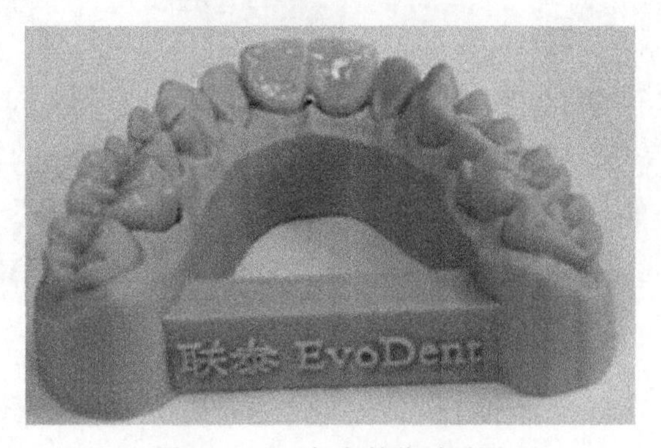

图 6-19　3D 打印的临时牙冠

（5）蜡型支架　采用 3D 打印技术，可打印用于辅助固定义齿，保持义齿安装精准的蜡型支架（见图 6-20）。

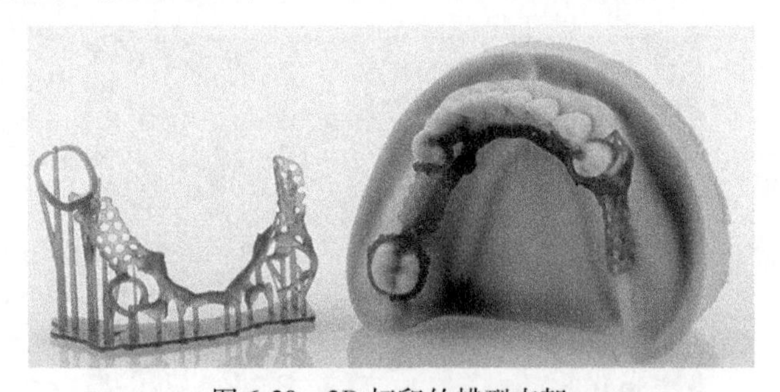

图 6-20　3D 打印的蜡型支架

（6）间接黏结托盘　采用 3D 打印技术，可打印在传统正畸应用中间接黏结托槽用的托盘（见图 6-21）。

（7）义齿基托　采用 3D 打印技术，可打印全口义齿或局部可摘义齿的基托（见图 6-22）。

（8）人工牙龈　3D 打印的人工牙龈如图 6-23 所示。

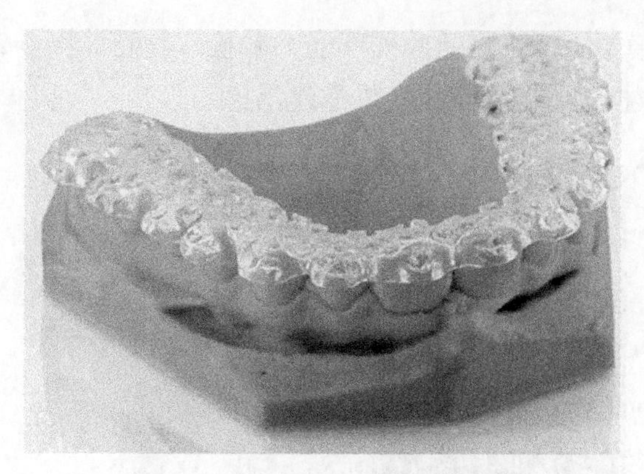

图 6-21　3D 打印的间接黏结托盘

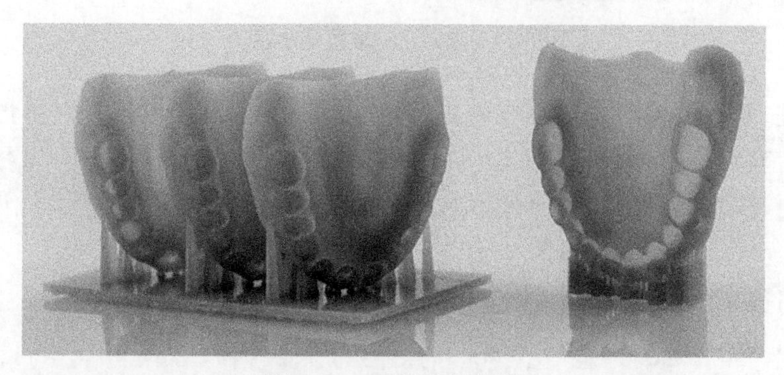

图 6-22　3D 打印的基托

图 6-23　3D 打印的人工牙龈

6.3.7　医学教育方面

医学教育是一个重要的领域，而传统的教学手段在某些方面存在局限性。3D 打印技术为医学教育带来了新的可能。通过准确地模拟人体组织和器官，3D 打印技术可以为学生提供更加逼真的实践经验。学生可以通过 3D 打印出的模型进行手术操作的模拟，提高自己的实践能力和操作技巧。图 6-24 所示为基于患者个体化的 CT 数据进行的数字化三维重建示意图。

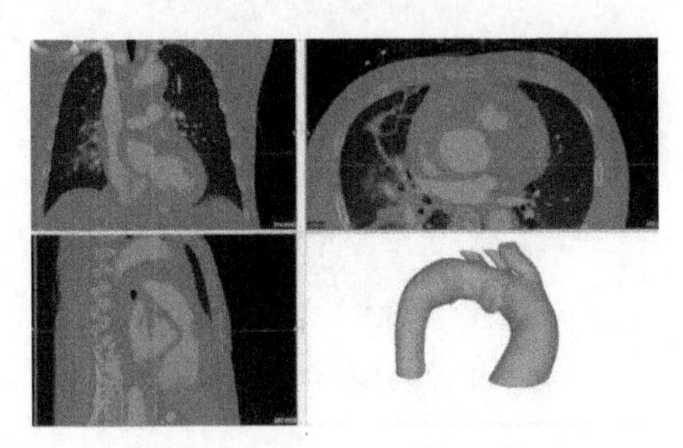

图 6-24　数字化三维重建示意图

通过 3D 打印模型，学生可以更好地了解人体的解剖结构，包括骨骼、血管、器官等。与传统的解剖学教学相比，这种可视化和亲身实践的学习方式可以提供更直观、生动的学习体验，有助于学生更好地理解和记忆医学知识。

6.4　3D 打印在食品领域的应用

2011 年，3D 打印技术的应用扩展到食品加工领域。英国开发出世界上第一台巧克力 3D 打印机，这也是食品 3D 打印机的雏形。随后，西班牙一家创业公司开发出名为 Foodini 的 3D 打印食品机，完善了食品 3D 打印机的功能，开启食品 3D 打印的商业化之路。图 6-25 所示为 3D 打印的巧克力雕塑。

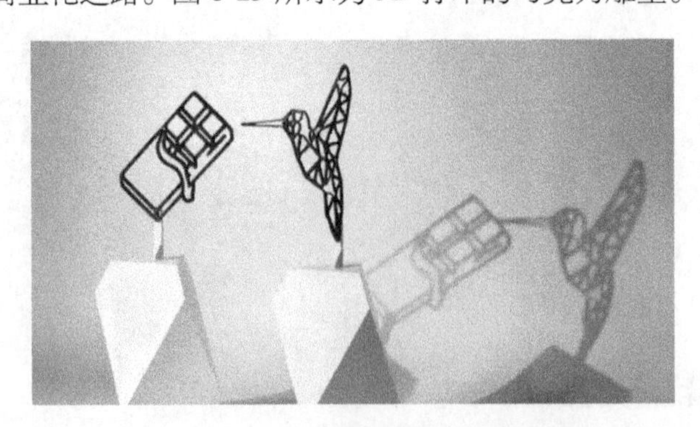

图 6-25　3D 打印的巧克力雕塑

2016 年 4 月，全球第一家 3D 打印餐厅 FoodInk 在荷兰开业，使用的是 3D 打印机生产商 Byflow 开发的便捷式多材料 3D 打印机。打印头来回移动将食材一层层叠加，最终呈现出计算机设定好的形状，为客户制作各种造型独特的菜肴。

2020 年，以色列初创公司 RedefineMeat 推出一款 3D 打印的高蛋白、无胆固醇的植物肉牛排“Alt-Steak”。同年，日本初创公司 OpenMeals 发布了一套未来主义餐厅计划，将基因科学与 3D 打印食品技术结合，推出为顾客健康状况量身设计的寿司餐厅 SushiSingularity。

3D 食品打印技术发展至今，目前市面上已经有 10 多款工业级或桌面级的食品 3D 打印机，在越来越多的场景应用。图 6-26 所示为 3D 打印的汉堡模型。

3D 食品打印技术不仅能丰富食品样式，改良食品品质，还能满足特殊的消费群体，如老年人、儿童和宇航员等独特的食品设计需求；同时，不仅可以人性化地改变食物形状，还可以自由搭配均衡营养。

图 6-26　3D 打印的汉堡模型

对于老年群体，往往需求柔软的、营养的、创新的和富有质感的食物。在德国，一些养老院向咀嚼和吞咽困难的老年人提供 3D 打印的软食品。

对于儿童群体，更愿意消费具有创新形状的健康营养零食。通过 3D 打印的食品可以使儿童更易摄入含有动物蛋白质的食物，而且这些食物无须被捣碎成泥；同时，也可以通过 3D 打印技术开发相应的食品或食品补充剂，如矿物质、维生素等。

3D 食品打印机设备体积小，便于携带，原料简易，可随意搭配，且碳水化合物、蛋白质及微量元素在粉末状态下保存可达 30 年。这样宇航员就可以根据食谱的配方，利用 3D 食品打印机打印出新鲜又营养的美味食物，满足了宇航员的心理和生理需求。而且食物打印最重要的优点，就是可以根据个人的喜好和需求定制食品——新的口味、质感和形状，以及独特的进食体验。美国航空航天局（NASA）和美国 SMRC 公司正在研究在太空中使用 3D 打印机打印食物。这将降低在太空中运输食品的难度。

基于果蔬原料的食品 3D 打印技术，不仅能够利用果蔬的营养学特性，而且能够针对个体的营养需求利用 3D 打印技术定制食品，在很大程度上解决了膳食营养中提出的未病先治、营养精准摄入的问题。果蔬原料的 3D 打印加工工序主要包括 5 个步骤：选择水果和蔬菜种类；确定食品配方（即不同原辅料配比）；确定打印浆料的制备工艺流程；确定打印条件，设计三维虚拟模型；选择合适的工艺方法，延长打印产品的货架寿命。

除了果蔬类食品打印技术，3D 打印在肉类的应用也十分广泛。3D 打印人造肉可实现人们对肉制品的各种需求，消费者对原料的搭配可以根据所需营养的比例，根据对肉制品的形态和质构的需求对 3D 模型进行调整。2023 年 5 月，以色列的一个食品科技公司成功地用 3D 打印技术制造出了世界首块人造鱼肉（见图 6-27），而且口感和真鱼无异。

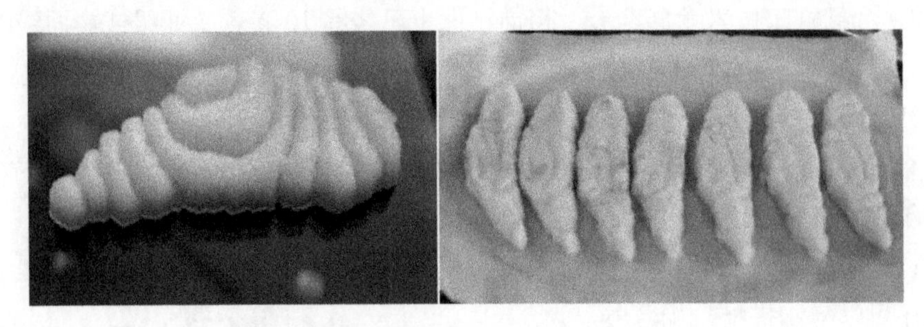

图 6-27　3D 打印的鱼肉

3D 打印的肉制品，不仅可以是鱼、鸡等大众食物，还可以是高档紧缺的鱼翅菜系。研究发现，在扇贝肉泥和火鸡肉泥中添加转谷氨酰胺酶，打印成半球型，煮制后成品可达到期望的良好球面形状。此外，还可以打印凝胶芹菜夹心的土耳其肉饼，肉饼形状保持立方体，且内部的凝胶夹心也完好保留并无露馅。3D 打印人造肉还可以开辟全新的材料，比如富含蛋白质的昆虫、植物蛋白等，运用 3D 打印机制成营养健康的人造肉。

除此之外，在食品饮料公司的包装设计开发上，通常会涉及多个设计迭代，既昂贵又耗时。因此，很多食品和饮料品牌在包装开发上开始转向 3D 打印，以期通过更快、更经济的生产设计变体来加快包装开发过程。

6.5　3D 打印在建筑领域的应用

3D 打印技术有望通过提高质量、确保工人安全、降低成本、提高效率和推动可持续的商业实践，彻底改变建筑设计和建造结构的方式。

6.5.1　建筑模型方面

通过 3D 打印技术实现三维立体模型的设计，将建筑图样、地理信息及建筑扫描等数据信息充分融合，通过实物的方式进行展示，构建实景模式，构建三维立体模型。在进行建筑结构的前期设计中，可以根据实际需求进行模型的分割、单体化及比例缩放处理，再通过 3D 打印技术按 1∶1 的比例进行打印。

图 6-28 所示为 3D 打印的建筑模型。公共设施的建造需要考虑众多的因素，如人流量、安全性等。3D 打印技术可以实现高效、低成本的建设，为公共设施的建设提供新的思路。比如，西班牙的“3D 打印自行车道”项目就成功地应用了 3D 打印技术。

图 6-28 3D 打印的建筑模型

6.5.2 建筑物方面

3D 打印的快速和高效特性使得其在住宅建筑方面具有巨大的潜力。每个人都有自己的个性化需求，3D 打印技术可以实现定制化的建筑，满足不同人群的需求。例如，美国建筑师就使用 3D 打印技术为残疾人建造了定制化的住宅。目前 3D 打印机越来越多地生产整栋建筑物和其他结构，包括临时避难所、永久住宅和办公室及桥梁。

2016 年 5 月，全球首座使用 3D 打印技术建造的办公室在迪拜国际金融中心落成（见图 6-29），所有“零部件”都由一台约 6m 高、36m 长、12m 宽的大型 3D 打印机耗时 17 天完成打印，再由施工方用两天时间完成安装。

图 6-29 全球首座 3D 打印的办公室

2019 年 11 月，中建二局广东建设基地打印完成一栋 7.2m 高的双层办公楼主体结构（见图 6-30）。该建筑采用原位打印，即现场直接将主体打印成形，无须二次拼装，是世界首例原位 3D 打印的双层建筑。这标志着原位 3D 打印技术在建筑领域取得突破性进展。

图 6-30 原位 3D 打印的双层建筑

2023 年 3 月，美国陆军和阿肯色大学签署了一份价值 350 万美元的合同，以开发用于救灾的建筑 3D 打印技术，也称增材建造（AC）技术。

6.6 3D 打印在日用品领域的应用

6.6.1 运动鞋方面

3D 打印公司 Zellerfeld 携手 Heron Preston 合作推出了全新 3D 打印的球鞋 HERON01（见图 6-31）。由于这款鞋没有接缝、缝合，也没采用其他有毒胶水与材料，所以可以被 Zellerfeld 完全回收利用，再次制成新产品鞋子，打造圆形循环经济。

阿迪达斯与数字 3D 打印服务商 Carbon 合作，发布了该公司的最新款 3D 打印的 4DFWD 跑鞋（见图 6-32）。4DFWD 跑鞋率先克服了长期以来，阻碍跑步者无法发挥全部潜力的问题。这要归功于该鞋充分利用 3D 打印和大数据分析技术，制造的领结形格子中底，将垂直压力转化为水平力。这样做的好处是，为跑步者持续不间断地向前提供平稳的过渡。

6.6.2 服饰方面

随着 3D 打印技术的发展与成熟，为服装设计增加了不少想象的空间。2023

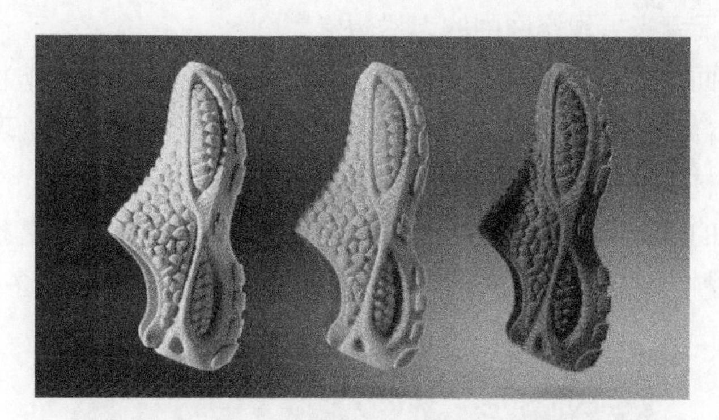

图 6-31　3D 打印的球鞋 HERON01

图 6-32　3D 打印的 4DFWD 跑鞋

年 6 月 15 日，杭州亚运会采火使者身穿的典雅白色服饰上的裙子腰封装饰就是用 3D 打印制作的（见图 6-33）。

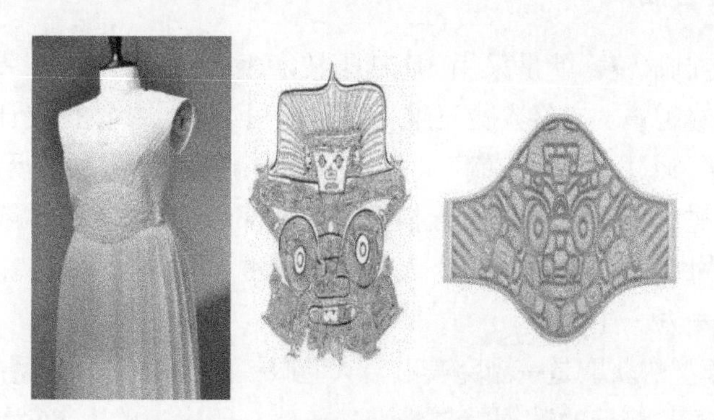

图 6-33　采火使者服饰样衣和腰封设计

在色彩方面，3D 打印的服饰是由体素构成的，因此它可以很好地解决色彩变化的问题。

在结构方面，3D 打印技术是通过不同层次的层叠打印来实现三维立体效果。其很多夸张的造型突破了原来的设计原则，通过突出某一部位的结构造型和不同的设计元素来展现空间中的无尽想象。

在材质方面，3D 打印服装在制作过程中多以树脂、硅胶、塑料、纤维等构成的类水脂化合物为材料。设计师将这些特殊材料呈现的特殊肌理效果与科技相融合，多种材质混合搭配，创造出充满未来感的艺术时装。

越来越多的设计师利用 3D 打印、激光切割和数字打印等工艺技术打造时尚产品。新型材料的创新与传统面料的融合，为服装设计带来更多更新的突破。图 6-34 所示为 3D 打印的服装。

图 6-34　3D 打印的服装

6.6.3　眼镜方面

3D 打印定制眼镜，就是采用 3D 打印技术生产出来的眼镜，是一种专业的高科技精准视光配镜。它将人脸三维扫描、虚拟试戴、参数化设计、3D 打印等技术融为一体，通过“量脸定制”（每个人的面部结构都是独一无二的），针对脸部关键部位进行特别设计，人脸扫描获取面部数据，参数化调整获取专属于自己的镜框尺寸，制作出贴合每个人独特脸型的个性定制化眼镜，不受脸型和尺寸的限制，一对一生产。

3D 人脸模型的获取是一副完美贴合人脸眼镜的关键。3D 模型的点云密度越大，精度就越高，测量的数据就越精准，最终打印出来的眼镜就更加贴合人脸（见图 6-35）。

基于精确的 3D 人脸全息数据，参数化设计是定制眼镜贴合人脸、具备最佳矫正功能的又一关键。3D 打印眼镜的参数化设计（见图 6-36）从七大维度，包括倾斜角、镜眼距、佩戴位置等二十余项参数，使镜片精准、稳定地佩戴处于最佳位置，稳定视觉中心点，最大化发挥镜片的矫正功能。

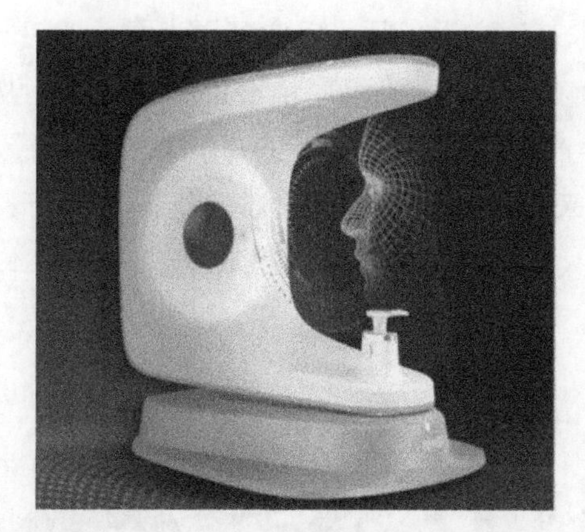

图 6-35　模拟人脸数据获取示意图

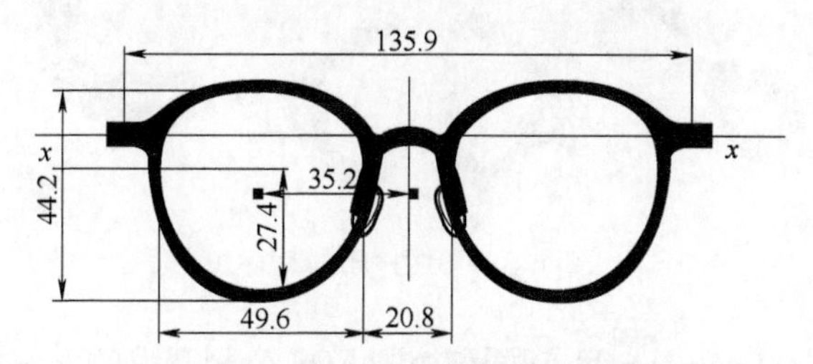

图 6-36　3D 打印眼镜的参数化设计

先进的 3D 打印技术结合优质的特殊材料，才能保证眼镜极致的舒适感和最佳的矫正效果。3D 打印的眼镜如图 6-37 所示。

图 6-37　3D 打印的眼镜

6.6.4　珠宝方面

传统的珠宝首饰制造流程需要经过起版、压胶模、开胶模、注蜡、修模等多种程序，程序烦琐复杂，设备、场地、材料、人力及时间成本都比较高。相比传统制造的减材技术，3D 打印技术不仅具有更高的效率，而且成本更低，具有很多优势。

通过 3D 打印技术，珠宝设计师可以实现更为灵活的设计，许多以往难以实现的细节和形状也能够通过计算机程序精准地打印出来。从制造成本的角度考虑，3D 打印珠宝的生产成本要远低于传统的手工制作方式。因为 3D 打印技术能够通过计算机程序来完成同时打印多个珠宝产品的生产，而且还能够优化生产流程和时间管理，大幅提高生产率，降低时间和人力成本。3D 打印的耳环如图 6-38 所示。

图 6-38　3D 打印的耳环

2014 年，英国 Cooksongold 公司和德国 EOS 公司开发的 PreciousM080 是全球第一款可以直接 3D 打印贵金属的打印机，旨在直接打印珠宝和手表。图 6-39 所示为 3D 打印的首饰。

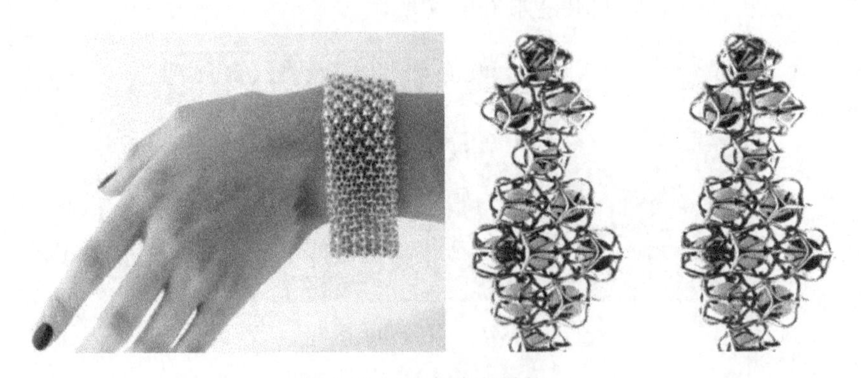

图 6-39　3D 打印的首饰

6.6.5　家具方面

位于迪拜的设计工作室 NYXO，以生物塑料为原材料，利用 3D 打印技术制作了一系列雕塑咖啡桌（见图 6-40），并将该系列命名为“春（Primavera）”。采用新材料发泡技术，使作品呈现出独特的美感。

图 6-40　3D 打印的雕塑咖啡桌

图 6-41 所示 3D 打印的椅子以简单且符合人体工程学的线条为特征，而且它是由废料制成的。

图 6-41　3D 打印的椅子

6.7　3D 打印在文物考古领域的应用

传统文物修复方法可能存在局限性，稍有不慎，可能会破坏文物的完整性，而 3D 打印技术为文化遗产修复带来了更多可能性。与传统方式修复文物相比，3D 打印的优势在于不用与文物接触即可扫描获取三维数据，完全地避免了文物的再次损害。3D 打印的模型一旦获得，是独立于文物之外的，可以像复印文件一样，获得完全相同的打印品，甚至连细微纹饰的形貌都能在模型中获得。不可否认，未来随着 3D 打印技术的不断发展与进步，3D 打印技术将会成为文物修复中最为有利的工具。

2014 年，重庆大足石刻景区使用 3D 打印技术进行了千手观音像的修复。利用 3D 激光扫描获得雕像的相关数据后，按 1∶3 的比例打印出雕像的模型。在敦煌莫高窟的修复中，专业人士使用 3D 打印机制造出逼真的附件和模型，再进行修复。这一过程避免了直接对文物进行修复，同时保护了文物，降低了损失。

2023 年 11 月，河北邯郸响堂山石窟，百余年前流失海外的造像和造像残件通过 3D 打印技术被 1 : 1 复原（见图 6-42）。

图 6-42　3D 打印的河北邯郸响堂山石窟

3D 打印技术可以快速、精确地生成文物的多个复制品，使得文物在原地修复的过程中，可以与复制品同时展出，从而保护原始的文物。在文物研究领域中，借助 3D 打印技术，可以制造出完美的且充满艺术感的文物模型，以供展览、教学或研究使用。图 6-43 所示为 3D 打印的兵马俑。

3D 打印技术可以精确地打印出文物修复布局的元件，如拼接和定位元件，甚至可以制作出内部一些容易受损部位以及不可覆盖的部位。采用 3D 打印技术，制造复杂的结构，还可以通过 3D 打印机将修复部件和文物本体融合在一起，实现完美的文物修复（见图 6-44）。

图 6-43　3D 打印的兵马俑

考古学是一门艰苦的科学，其研究的对象大多数都是几千年前的文物和遗址。传统的考古研究需要通过手工细致地挖掘和分类文物，但这样的研究速度慢且效果不够精确。

3D 打印技术为考古研究带来了一次革命。一些考古工作者开始尝试着将 3D 打印技术用于文物复制、残缺文物修复以及文物碎片的拼接等。采用创想三维

图 6-44　文物修复

光固化 3D 打印机打印的巴黎圣母院模型如图 6-45 所示。巴黎圣母院作为世界的文化遗产与艺术瑰宝，模型的细节展现对圣母院今后的修复与还原工作意义重大。

图 6-45　3D 打印的巴黎圣母院

6.8　3D 打印在教育领域的应用

教育机构是 3D 打印新兴的市场之一。作为先进制造技术的一种，3D 打印技术整合了数字控制、计算机模拟、图形学、编程算法、光学、材料学等多门跨领域学科。学校等机构可以利用 3D 打印机提高学生的科技素养，也可以提高学生的设计创造能力。

6.8.1　创客教育方面

在全球信息化的背景下，创客教育也得到了快速发展。创客教育是一种以实践创造学习为主，培养创新型人才的新型教育模式。创客教育的核心理念是通过动手实践培养学生的创新能力、探究力和创造力。学校教育应该注重培养学生的创新能力和提升学生的综合素质，促进人的全面发展。提高学校课后服务水平有助于满足学生的多样化需求。3D 打印技术为创客教育的开展和中小学课后服务的开展提供了良好的支持。

近年来，很多中小学校摸索着创新教学模式，把 3D 打印系统与教学体系相整合。国内中小学与 3D 打印相关的资料多以校本教材的形式出现，应用较为广泛且知名度较高的有《疯狂造物：万物互联的秘密》。该书通过主题模块形式对电子编程、智能硬件和建模进行了详解，并融入了 3D 打印等元素，适合有一定 3D 打印基础的学生来学习，对学生的综合性创客能力要求较高。2022 年，新颁布的义务教育阶段《信息科技课程标准》要求初中阶段所开设的内容有：互联网应用与创新、物联网实践与探索、人工智能与智慧社会和互联智能设计。3D 打印机进课堂，能让学生在创新能力和动手实践能力上得到训练，将学生的创意、想象变为现实，能极大发展学生动手和动脑的能力，从而实现学校培养方式的变革。

创客教育实现 3D 打印作品，首先，就要学会建模，在三维建模的过程中，要把脑海中喜欢的东西通过拆解，一部分一部分地制作成虚拟模型，这个过程就是在不断地锻炼和激发学生的空间想象能力。其次，3D 打印要通过各类三维建模工具去画出自己想要的形状，这个过程就是考验学生动手创造的能力。再次，学生可以在计算机上完成设计，然后通过 3D 打印机完成制作，亲手制作各种创新项目。最后，通过小批量 3D 打印生产，让学生尝试销售自己的创意作品，体验创业过程。这既培养了学生的创新思维，也锻炼了他们的创业能力。

6.8.2 职业教育方面

将先进 3D 打印技术与职业技能有机结合，促进新一代信息技术与制造业深度融合。3D 打印技术进入课堂，可以为学生提供一些制造实体作为参考，计算机处理三维模型极大地降低了学生制作过程中理解图样的繁杂步骤，修改模型也可以直接在三维效果图中进行调整。项目实施中，同一项目团队的学生也可以直接根据三维效果进行评价和修改，在共同协作中打印出更符合设计意图、更有创意的成品模型。这样可以缩短设计产品的设计修改评价时间，极大地提高了研发周期的效率，达到缩短教学实训周期的目的。

一方面，3D 打印技术可以帮助学生更好地理解和掌握专业知识。例如，在机械、电子、建筑等专业的课程中，学生可以使用 3D 打印技术来制作模型、零件、电路板等，从而更好地理解实际应用和生产过程。

另一方面，3D 打印技术还可以提供实践机会，让学生亲手制作实用的工具和零件，提高实践能力和技能水平。例如，在医疗、航空、汽车等领域，学生可以使用 3D 打印技术来制作人体器官模型、设计原型、飞机零部件、汽车车身等，从而更好地掌握实际操作技能。

6.8.3 基础教育方面

中小学生教育适当地引入 3D 打印技术，可以将抽象的学习内容转化成立体的，从二维过渡到三维，加深学生对知识内容的理解，给予学生一个直观的体验。

例如，小学语文课本中《赵州桥》的教学。如果不是赵州桥所在地的学生，就只能通过图片或视频来了解赵州桥的结构，难以让学生体会到我国传统工艺所带来的震撼。3D 打印技术的出现，可以很方便地打印出赵州桥的模型（见图 6-46），学生就可以很直观地观察、欣赏赵州桥的整体及各个部分的构成。课文中的关于赵州桥具有泄洪能力的教学难点，学生通过观察模型桥梁以及做试验的方法，可以比较容易地理解。

图 6-46 3D 打印的赵州桥模型

在数学课上，对于立体几何的教学，以往在这部分教学内容上，教师大多采用画分解图，或者通过削萝卜（泥巴）等方法帮助学生理解几何体的变化，依靠的是学生们自己的空间想象能力。这些教具的准备往往费时费力，效果却不理想。例如，初中的学生很难知道一个圆柱体被拦腰斜切一刀，得到的截面是一个什么形状？学生自己画图或者教师画图帮助解释，学生都难以理解。而在 3D 打印技术的帮助下，这个问题就变得非常容易了。学生可以自己在 3D 打印出的实物上斜切一刀，再对截面图做进一步的测量、计算，自己就会得出结论。最后再进一步由感性知识上升到理性知识，从而实现知识的深化。

在物理课上，电路图连接对于初中学生是一个不小的困难。在讲授这部分内容时，需要和生活实际相结合，再加上电路图十分抽象，部分学生总是不得要领，经常出错。如果 3D 打印技术出现在课堂上，教师打印出实物，让学生反复训练电路的连接，基本掌握好以后，再过渡到电路图的连接。通过这样一个过渡，学生学习的难度大大降低了，从而可以快速地掌握该知识点。

在生物课上，学生可以使用 3D 打印技术来制作细胞、病毒或器官模型，更好地理解生物体的结构和功能。在化学中，学生可以使用 3D 打印技术来制作分子模型（见图 6-47），更好地理解分子的结构和性质。在地理中，可以用 3D 打印技术来绘制真实的地形图（见图 6-48）和人口分布图。

图 6-47　3D 打印的分子模型

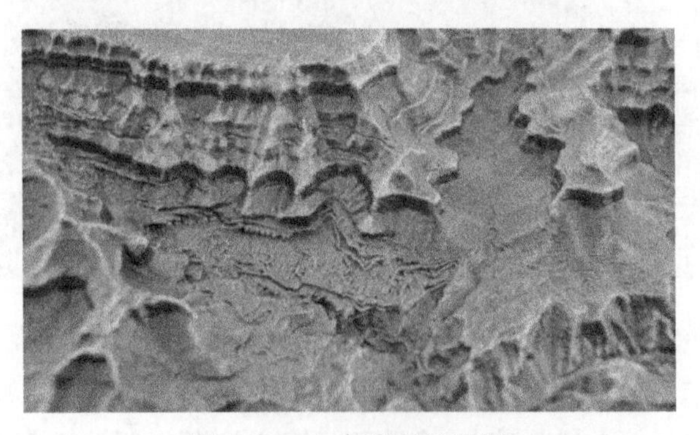

图 6-48　3D 打印的地形图

3D 打印机可以让枯燥的课程变得生动起来，它是一种同时拥有视觉和触觉的学习方式，具有很强的诱惑力。在触觉学习中，学生不是在黑板或显示器上简单地看文字或图形，而是通过他们的触觉抓住核心概念的三维模型，这样能够吸收和消化知识，使学生不再遗忘所学的课程。

6.8.4　特殊教育方面

3D 打印技术能够将抽象的专业知识转换为具象的实物模型，增强信息的可视化和可读性，符合听障学生“以目代耳”接收信息的特点。对于有特殊需求的学生，3D 打印技术可以提供个性化的教学支持。目前我国对于特殊教育方面的教具存在局限性，国家特殊学校和接纳特殊学生的普通学校都需要更多形式、种类丰富的无障碍教具。

例如，对于视障学生，3D 打印技术可以制作触觉模型，帮助他们更好地理解科学、数学等抽象概念。对于自闭症学生，3D 打印技术可以制作社交和情感学习工具，帮助他们提高社交技能和理解能力。3D 打印技术还可以帮助学生克服身体缺陷。例如，对于身体残疾或行动不便的学生，3D 打印技术可以制作辅助器具，帮助他们更好地完成日常生活中的各种任务。

2023 年 8 月，KimYeaji 和威斯康星大学研究团队为盲人设计了 3D 打印五线谱（见图 6-49），该五线谱使用独特的浮雕来重新创建纸质乐谱。这些浮雕不仅可以阅读，还可以通过触觉来识别，用来帮助有音乐梦想的盲人找到一种无障碍的阅读音乐的方式。

图 6-49　3D 打印的五线谱

6.9　3D 打印在国防军工领域的应用

目前 3D 打印技术已经广泛应用于军事领域，从产品设计、样品制作到大规模生产的各个阶段都有不同的应用场景。

1. 国内方面

我国歼-15、歼-16、歼-20、歼-31 等战机都已普遍使用 3D 打印技术。在歼-15 上使用了 3D 打印技术后，不仅零部件可以更快、更便宜地制造，同时可靠性也得到提高。鹘鹰系列飞机和运-20 运输机也采用了 3D 打印技术，使其更具竞争力。FC-31“鹘鹰”战斗机是中国航空工业沈阳飞机工业集团自主研发的一款第五代中型隐身战斗机，其中包括 100 多个 3D 打印的零件，是我国第一架采用

3D 打印制造一体化机翼与机身中部的战斗机。运-20 的机身/主起落架接头大型主承力构件的快速制造是采用 3D 打印技术完成的。3D 打印技术在导弹设计和生产中也得到广泛应用，例如，在东风-41 上使用了 3D 打印技术后，其射程、精度、载荷等方面都有所提升。

2. 国际方面

2023 年初，美国海军分别为其埃塞克斯号军舰和巴丹（USSBataan）号海军突击舰安装了金属 3D 打印机，以确保急需工具和零件的舰载维修能力。

2023 年 3 月，隶属于美国海军海上系统司令部的弗吉尼亚级潜艇新罕布什尔号（SSN 778）在船上安装了 Markforged X7 现场版增材制造平台。

2023 年 7 月，美国一家公司利用 3D 打印技术制造“爱国者”防空系统齿轮组件，其制造成本由原来的 2 万~4 万美元降低至 1250 美元，大大降低了制造成本。

2023 年 7 月，英国国防公司推出全球首个 3D 打印无人机防御系统。该系统轻便耐用，可产生高功率电磁信号以干扰和破坏无人机的控制指挥链路，进而消灭敌方无人机。据悉，整个系统大部分是通过 3D 打印技术生产的，可在作战现场进行打印。

2023 年 8 月，美国增材制造加速器与国家国防制造和加工中心联合启动了两个新的开放项目，总支持金额达 1175 万美元。该项目是“美国制造”自 2012 年成立以来最大规模的资助计划。

2023 年 9 月，美军空军基地的第 76 商品维护小组和逆向工程与关键工具实验室引进一种新型工具——ExOneS-Print 设备来完成 3D 打印砂型铸造模具，用于生产铸造铝制零件，以解决传统飞机采购零件的难题。

2023 年 12 月，美国国防后勤局与创新咨询公司 BMNT 展开合作，促成了国防部 3D 打印零件存储库的创建。这一举措克服了传统采办系统的局限性，标志着美国国防供应链发生转变，展示了增材制造在国防和国家安全方面的巨大变革潜力。

3. 优势分析

3D 打印技术不仅提高了制造效率和质量，还带来了更好的生产预见性、零部件轻量化、可定制性等优势。这些优势使得其在军事装备方面具有竞争力和适应性，为国防实力的提升提供了强大支持。

另外，3D 打印技术还能大幅降低武器装备的造价成本。在传统武器装备生产中，原材料经过切割、磨削、腐蚀等工序，最终形成零部件，然后拼装、焊接成产品。在这个过程中，浪费了部分原材料。而通过 3D 打印技术，可直接在生产过程中根据计算机图形数据，打印出高精尖的武器装备与配件，同时能够实现按需取材，整个生产过程几乎不存在浪费原材料的现象。

参考文献

[1] 贝勒教学工作室. 疯狂造物：万物互联的秘密［M］. 北京：机械工业出版社，2020.

[2] 黄姗姗. 基于创客教育理念的初中 3D 打印课程设计及实践研究［D］. 重庆：西南大学. 2023.

[3] 白俊如. 基于创客教育的小学 3D 打印课程开发与设计研究——以华兴小学课程开发为例［J］. 中国教育技术装备，2019，(11)：54-56，65.

[4] 易娜. 创客背景下初中《3D 设计》校本课程的开发与应用［D］. 重庆：西南大学，2020.

[5] 王铁卿，张翔. 新工科建设中实施课程思政的理论与实践［J］. 河北师范大学学报（教育科学版），2020（6）：59-62.

[6] 吴宝海，沈扬，徐冉. 高校新工科课程思政建设的探索与实践［J］. 学校党建与思想教育，2020（21）：61-62，65.

[7] 石宝存，张士萍，李成，等. 3D 打印技术在建筑工程中的应用及发展［J］. 江苏建材，2018（6）：52-54.

[8] 王海燕. 3D 打印技术在工程建筑领域的应用及展望［J］. 江西建材，2022（8）：5-8.

[9] 董林. 3D 打印技术在建筑领域的应用［J］. 信息记录材料，2021（5）：111-113.

[10] 罗毅. 3D 打印建筑的应用与发展前景［J］. 决策咨询，2019（5）：66-70，75.

第 7 章 3D 打印云平台

随着数字制造技术的快速发展，3D 打印作为其中的关键技术之一，已成为当今工程设计和制造领域的焦点。此技术的广泛应用已经催生出各种创新型商业模式和实际应用场景，其中 3D 打印云平台便成为这个领域的一大创新。3D 打印云平台整合了资源、技术和服务，为用户提供便捷高效的一站式 3D 打印解决方案。

本章将深入探讨 3D 打印云平台的发展历程、架构框架、服务管理模式及其当前市场上的表现。

7.1 3D 打印云平台的发展历程

7.1.1 起源阶段

3D 打印技术在 20 世纪 80 年代末开始发展，最初应用于工业领域的快速原型制造。

2005 年，一些初创公司开始提供面向企业的在线 3D 打印服务，为客户提供强大的计算和 3D 打印能力。当时的 3D 打印云平台具有局限性，只支持有限的 3D 文件格式和材料，用户须将文件上传至云端，然后直接与厂商交互进行打印。

在起源阶段，3D 打印云平台主要面向专业用户和企业，应用于原型制造和小批量生产。从市场趋势来看，用户主要是设计师、工程师和制造商。3D 打印云平台主要依赖云计算和互联网技术，为用户提供在线上传和交互的功能。

7.1.2 增长阶段

随着 3D 打印技术的进步和普及，开放源代码的切片软件和云端切片服务在市场上迅速崛起。

2011 年，Thingiverse 成为首个主要的 3D 打印云平台，允许用户上传、共享和下载 3D 设计文件。2013 年，两个初创公司 Shapeways 和 Sculpteo 开始提供大规模的在线制造服务，为客户提供更多材料和技术选择。随后，更多的公司进入市场，提供面向专业用户和消费者的 3D 打印云平台，如 i. materialise、Simplify3D 等。

从业务模式来看，一些 3D 打印云平台采用了开放的商业模式，允许用户将自己的 3D 打印机连接到云端，共享资源和服务。

7.1.3　成熟阶段

3D 打印云平台逐渐成为 3D 打印行业不可或缺的一部分，为用户提供从设计到打印的一站式服务。云计算技术的快速发展使得 3D 打印云平台能够处理更大规模的任务，并提供更高效、更精细的切片和打印控制。目前，3D 打印云平台的切片技术得到改进，可提供更高质量和精度的切片处理。同时，打印预处理工作也在云端进行，例如模型修复和支撑生成等。云端硬件和软件的集成也得到了改善，使得用户无须安装复杂的软件，只需通过浏览器或移动应用即可使用 3D 打印云平台。一些 3D 打印云平台开始支持多材料打印和多技术打印，如熔融沉积成形、立体光固化成形、选区激光烧结等，并提供更多的材料选择，如塑料、金属、陶瓷等。

随着时间的推移，3D 打印云平台逐渐进入消费市场。个人用户可以上传自己的设计，定制个性化产品，如饰品、玩具、家居用品等。同时，一些 3D 打印云平台还提供在线市场和社区，允许用户购买和销售 3D 设计文件，促进创作者之间的交流和合作。在行业应用方面，3D 打印云平台逐渐涉足医疗、教育、建筑等领域。例如，医疗行业可以利用 3D 打印云平台定制和生产义肢等医疗器械。

7.2　3D 打印云平台体系架构

7.2.1　云平台分层架构

云平台的分层架构通常包括基础设施层、平台层和软件服务层三个部分，如图 7-1 所示。

1. 基础设施层

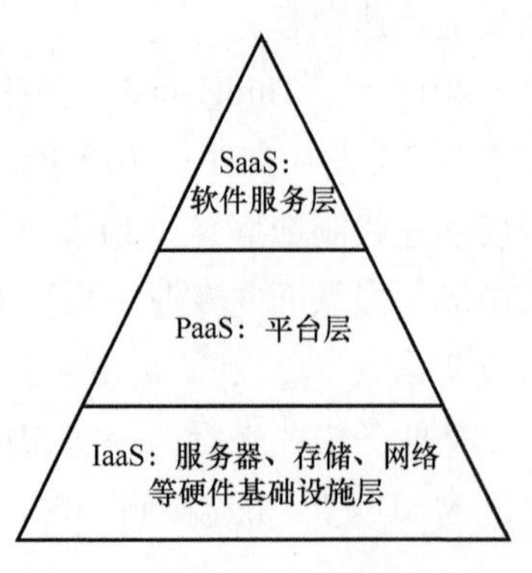

图7-1 云平台分层架构

基础设施层（infrastructure as a service，IaaS）是云计算架构的底层，它提供了基本的计算资源和基础设施。在这一层，云服务提供商通过虚拟化技术将物理服务器、存储设备和网络资源等转化为虚拟资源，为用户提供灵活的基础设施支持。

在基础设施层，用户可以通过自助服务界面或API来管理和配置这些资源。用户可以根据自己的需求，按需使用这些资源，并根据实际使用量付费。这种按需使用的模式使得用户可以根据业务需求快速扩展或缩减资源，提高了灵活性和效率。

在基础设施层，常见的服务包括：

（1）虚拟机（virtual machines，VMs） 提供了虚拟化的计算资源，用户可以在虚拟机上运行自己的操作系统和应用程序。

（2）存储空间（storage） 提供了可扩展的存储资源，用户可以存储和管理大量的数据。

（3）网络连接（networking） 提供了网络资源，包括虚拟网络、IP地址、负载均衡等，使用户能够构建自己的网络架构。

（4）安全性和身份验证（security and identity） 提供了安全性和身份验证服务，包括防火墙、访问控制、身份认证等，保护用户的数据和应用程序的安全。

基础设施层的存在使得用户无须关注底层的物理设备和基础设施管理，可以专注于自己的应用程序开发和业务运营。同时，基础设施层的灵活性和可扩展性也为用户提供了更高的自由度和可定制性。

2. 平台层

平台层（platform as a service，PaaS）是在基础设施层之上构建的，提供了更高级别的服务和开发环境。在这一层，云服务提供商提供了一系列的开发工具、运行时环境和服务，使开发人员可以在云上构建、部署和管理应用程序。

平台层隐藏了底层的基础设施细节，使开发人员能够专注于应用程序的开发和创新。开发人员可以使用提供的开发工具和框架来编写应用程序，并通过平台层提供的服务来管理应用程序的生命周期。平台层提供了自动化的部署、扩展和监控功能，使开发人员能够更快速地开发和部署应用程序，提高开发效率和灵活性。

在平台层，常见的服务包括：

（1）数据库服务　提供了托管的数据库服务，包括关系型数据库和NoSQL数据库，开发人员可以使用这些服务来存储和管理应用程序的数据。

（2）消息队列　提供了消息传递服务，用于应用程序之间的异步通信和解耦。

（3）身份验证服务　提供了身份认证和访问控制服务，用于保护应用程序的安全性。

（4）日志和监控服务　提供了应用程序的日志记录和监控功能，帮助开发人员了解应用程序的运行状态和性能。

通过使用平台层服务，开发人员可以减少对基础设施的管理工作，快速构建和部署应用程序，并根据实际需求进行扩展和调整。平台层的存在大大简化了应用程序的开发和部署过程，提高了开发人员的生产力和创新能力。

3. 软件服务层

软件服务层（software as a service，SaaS）是云计算架构的最上层，提供了完整的应用程序和服务。在这一层，云服务提供商通过互联网向用户提供各种软件应用程序。

在软件服务层，用户可以通过浏览器或移动设备访问这些应用程序，而无须安装和维护复杂的软件。用户可以根据需要选择和使用这些应用程序，并按需付费。常见的软件服务包括电子邮件、在线办公套件、客户关系管理等。

通过使用软件服务层，用户可以享受到以下服务：

（1）方便易用　用户无须安装和配置软件，只需通过浏览器或移动设备即可访问应用程序，提供了极大的便利性和灵活性。

（2）减轻管理负担　云服务提供商负责维护和管理应用程序的基础设施，包括硬件、软件更新和安全性等，用户无须担心这些问题，可以专注于使用应用程序。

（3）按需付费　用户可以根据实际使用情况付费，无须购买昂贵的软件许可证或硬件设备，大大降低了成本。

（4）可定制性　软件服务层通常提供了丰富的配置选项和扩展功能，用户可以根据自己的需求进行定制和扩展。

软件服务层为用户提供了方便、易用的应用程序，减轻了用户的管理和维护负担，同时也降低了成本。用户可以根据实际需求选择和使用各种应用程序，提高工作效率和业务创新能力。

这三个层次相互关联，构成了一个完整的云计算平台系统。用户可以根据自己的需求和技术能力选择适合的层次，并利用云计算的优势来提高效率、降低成本和推动创新。云计算的优势在于灵活性、可扩展性和成本效益，使用户能够更高效地利用计算资源，并快速响应业务需求。

7.2.2 3D 打印云平台基本架构

3D 打印云平台基本架构参考了云计算平台多层架构体系，并将 3D 打印云平台体系架构设计为以下 5 个系统架构层次：用户层、访问层、应用接口层、虚拟资源功能层、服务资源感知层及基础支撑资源层。通过这种架构，可以实现 3D 打印技术与云制造理念在结构系统中的充分融合。3D 打印云平台基本架构如图 7-2 所示。

7.2.3 3D 打印云平台各层次的功能分析

1. 3D 打印云平台的用户层

用户层是最重要的一层，也是关键的一层。在此基础上，提出了面向 3D 打印产品的云计算服务平台，并对其进行了系统的设计与实现。这个层面的功能是提供一个互动的接口，让用户可以通过它来实现注册、发布、访问、浏览等功能。

2. 3D 打印云平台的访问层

云制造平台作为一种交互式的制造资源应用系统，在利用 3D 打印技术与云制造理念进行 3D 打印云平台体系架构搭建时，就需要建立用户与云平台之间的交互接口，而访问层就是实现用户与云平台交互的关键。用户能够通过计算机终端、移动设备终端等，实现与云平台之间的交互，以此实现对 3D 打印云平台系统的调用。

3. 3D 打印云平台的应用接口层

应用接口层是 3D 打印云平台向用户展示系统功能应用的窗口，是帮助用户全面了解 3D 打印云平台系统功能的关键所在。通过应用接口层，用户能够直观了解 3D 打印云平台的各项服务功能，包括用户自身的信息管理、资源共享、服务选择与检索等。

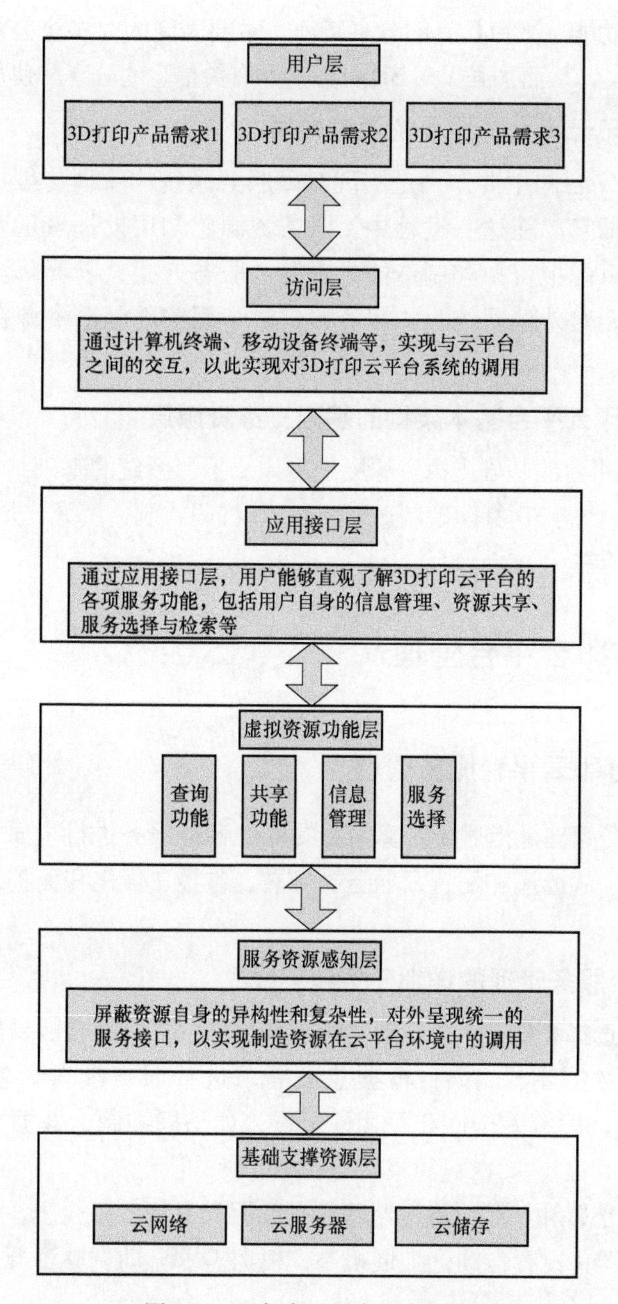

图 7-2　3D 打印云平台基本架构

4. 3D 打印云平台的虚拟资源功能层

（1）查询功能　在该平台上，用户可以通过查询功能获得 3D 打印产品信息。

(2) 共享功能　平台具有的分享特征，主要表现为对多个公司的动态数据和信息进行采集，从而加强了对 3D 打印产品有关信息的分享和使用。

5. 3D 打印云平台的服务资源感知层

3D 打印云平台的主要作用是实现对云服务系统的管理与维护，并及时更新和储存系统信息。在这一过程中，服务资源感知层发挥着重要作用。其服务化封装技术以虚拟资源和制造能力封装为服务方式，以屏蔽资源自身的异构性和复杂性，对外呈现统一的服务接口，从而实现制造资源在云平台环境中的调用。

6. 3D 打印云平台基本架构的基础支撑资源层

3D 打印云平台的基础支撑资源层是整体云平台系统的基础结构，其中包含了 3D 打印云平台的 3D 打印硬制造资源和 3D 打印软制造资源，是 3D 打印云平台运行的基础所在。

7.3　3D 打印云平台管理

7.3.1　3D 打印云平台服务管理

云平台服务管理是指对云计算平台提供的各种服务进行全面管理和监控的过程。它涵盖了从选择和配置云服务到部署、监控、优化和保护云服务的全生命周期。

1. 云平台服务管理的详细任务和实践

(1) 服务选择和配置　分析业务需求和目标，选择适合的云服务类型，如计算、存储、数据库、网络；根据业务需求进行服务配置，包括规格、容量、地理位置；配置安全性和可用性设置，如访问控制、数据加密、备份策略等。

(2) 服务部署和扩展　将应用程序和数据部署到云平台上，如创建虚拟机实例、配置容器；设置自动化扩展机制，根据需求自动调整资源规模，以满足业务的变化。

(3) 服务监控和性能管理　监控云服务的运行状态和性能指标，如 CPU 利用率、内存使用、网络延迟；实时收集和分析监控数据，及时发现和解决潜在问题，提高服务可靠性和性能；进行性能优化，如调整资源配置、优化数据库查询、缓存策略等。

（4）安全管理　设计和实施安全策略，包括身份验证、访问控制、数据加密；定期进行漏洞扫描和安全审计，及时修复和防范安全漏洞；设置安全备份和灾难恢复机制，确保数据的可靠性和业务的连续性。

（5）资源管理和优化　监控和管理云资源的使用情况，包括计算、存储、网络；优化资源配置，避免资源浪费和降低成本。

（6）故障恢复和备份　制定故障恢复和数据备份策略，确保在发生故障或灾难时能够快速恢复业务；定期备份数据，设置备份机制，进行灾难恢复演练，以确保数据的安全和可靠性。

（7）更新和升级管理　定期更新和升级云平台服务和相关组件，以获取最新的功能和安全补丁；进行版本管理，确保平滑的升级过程，减少对业务的影响。

（8）用户支持和培训　提供用户支持和培训，帮助用户熟悉和使用云平台服务；提供在线文档、培训课程和技术支持渠道，解答用户的问题和疑虑。

总之，云平台服务管理能够确保云服务的稳定性、安全性和高效性，提高业务的灵活性、创新性和竞争力。

2. 3D打印云平台服务管理的基本功能

（1）用户管理　提供用户注册、登录和权限管理的功能，可以管理用户的个人信息和访问权限。

（2）订单管理　支持用户提交打印订单，并提供订单跟踪和状态更新的功能。可以记录订单相关的细节，如打印材料、打印文件、打印参数等。

（3）资源管理　管理3D打印机和其他相关设备的资源，包括设备的状态、位置和可用性。可以实时监控打印机的工作状态，以便及时调度和管理资源。

（4）文件管理　支持用户上传和管理3D打印文件，可以对文件进行存储、分类和备份等操作，还可以提供在线文件预览和编辑的功能。

（5）打印参数管理　管理3D打印过程中的各项参数，如层高、填充密度、打印温度等。可以根据用户需求进行参数设置和调整，以实现最佳的打印效果和性能。

（6）质量控制　提供质量检查和优化打印的功能，包括模型修复、支撑生成和切片等。可以通过算法和模型分析来优化打印过程，提高打印质量和效率。

（7）支付和结算　支持用户支付打印费用和平台服务费用的功能，可以提供多种支付方式和结算方式，以满足用户的需求。

（8）数据统计和分析　对打印服务的数据进行收集、存储和分析，可以生成报告和统计图表，帮助用户了解打印服务的使用情况和效果。

（9）计费管理　记录用户使用服务的费用和支付情况，可以提供不同的计费模式，如按照打印时间、打印材料消耗等进行计费，并支持在线支付和结算。

除了上述基本功能，还有一些高级功能被整合到 3D 打印云平台服务管理中，以提高打印效率和用户体验。

3. 3D 打印云平台服务管理的高级功能

（1）智能排队和调度　对打印订单进行智能排队和调度，以实现资源利用率和打印效率的最大化。可以根据订单大小、打印难度和设备状态等因素进行动态调整，实现优先级管理和流程优化。

（2）协作和共享　允许多用户共享打印资源和文件，提供在线协作和沟通的功能。可以实现群组管理和项目管理等功能，促进用户之间的合作和交流。

（3）高级参数设置　提供更复杂和丰富的打印参数设置功能，以适应对不同打印需求的支持，如支持双色打印、多材料打印、高温打印等。

7.3.2　3D 打印云平台服务流程

（1）用户注册和登录　用户需要在 3D 打印云平台上进行注册，并提供相应的用户名和密码。

（2）模型数据管理　用户在成功登录后，可以在平台上进行模型数据管理，这其中包括上传 3D 模型文件、在线编辑模型等基本功能。这些模型文件可以通过多种方式上传并在云端存储，以便后续处理。

（3）选择和设置 3D 打印机　在模型数据管理完成后，用户可以根据自己的需求从众多可选的 3D 打印机中选择适合的设备，并进行相关的打印参数设置。

（4）在线打印　设备和参数设置完成后，用户可以启动在线打印功能。3D 打印云平台会实时监控打印进度和状态，用户可以随时远程查看打印状态。

（5）下载打印结果　当打印完成后，用户可以在云平台上下载打印结果，从而实现了从设计到产品的全流程数字化制造。

7.3.3　3D打印云平台安全和隐私保护

云平台安全和隐私保护是确保云计算环境中数据和系统的安全性和隐私性的重要方面。由于云平台涉及多租户共享资源的特性，安全和隐私保护成为云计算用户和服务提供商共同关注的问题。

1. 云平台安全和隐私保护的常见措施

（1）身份认证和访问控制　使用强密码策略和多因素身份验证来保护用户账号的安全。实施访问控制机制，确保只有授权用户可以访问敏感数据和系统资源。对员工的访问权限进行严格控制，只有经过授权的员工才能访问用户数据。此外，员工在离职后应该立即取消其访问权限。

（2）数据加密　对敏感数据进行加密，包括数据在传输和存储过程中的加密。使用加密算法和密钥管理系统来保护数据的机密性和完整性。

（3）安全监控和事件响应　实时监控云平台的安全事件和异常活动，及时发现和应对潜在威胁。建立安全事件响应机制，包括事件报告、漏洞修复和紧急响应计划。

（4）数据隔离和隐私保护　使用虚拟化和容器技术来实现不同用户之间的数据隔离，确保用户数据的私密性。遵守隐私保护法规和合规要求，如欧盟的《通用数据保护条例》（GDPR），美国的《健康保险可携性和责任法案》（HIPAA）等。

（5）安全备份和容灾　定期备份数据，并将备份数据存储在不同的地理位置，以防止数据丢失和灾难发生。设置容灾机制，确保在云平台发生故障或灾难的情况下，能够快速恢复业务。

（6）安全审计和合规性　进行定期的安全审计，评估云平台的安全性和合规性。遵守相关法规和标准，如ISO 27001、PCI DSS等，确保云平台的合规性。

（7）培训和意识提升　提供培训和教育，加强用户和员工的安全意识，防范社会工程学和网络攻击。

以上是云平台安全和隐私保护的一些常见措施，但3D打印云平台具体的安全策略和措施应根据具体的业务需求和合规要求来制定和实施，安全和隐私保护涉及多个层面。

2. 3D打印云平台安全和隐私保护的具体措施

（1）信息安全和隐私政策　与ISO 27001信息安全和隐私政策相对应，需要管理信息安全风险暴露并保护平台软件。

（2）网络安全威胁　网络安全威胁能影响数字线索上的每个阶段，包括与3D 打印机和产品有关的设计、扫描、质检、打印、实地使用，甚至废弃处理等。增材制造存在于数字与物理世界的交汇点，这就意味着企业在应用增材制造时要保护自己的数字资产。

（3）工作流程管理　例如，BCN3D 推出的新版云平台可以远程管理 3D 打印机，通过建立工作流程，可以实现集中管理多台 3D 打印机。

（4）生产全流程可视化管理　通过智能数字化管理，做到生产全流程可视化管理，实现云端数据传输、生产智能排产、设备运行监控等功能。

（5）保护知识产权　在扩大 3D 打印产能的同时，也需要保护知识产权安全。

3D 打印云平台的安全和隐私保护是一个多方面的问题，涉及数据安全、隐私保护以及合规性等多个方面。首先，为了满足数据保护要求和隐私标准，需要确保数据安全和隐私管理系统（ISPMS）有效运作。这包括确保信息安全和隐私政策及年度目标与组织的战略方向一致。其次，随着 3D 打印技术的广泛应用，安全隐患逐渐凸显出来。这些安全隐患可能涉及知识产权侵权、刑事犯罪以及人类伦理等多方面的风险。因此，必须了解这些安全隐患并制定具体的操作规章以规避这些风险。

7.3.4　3D 打印云平台监控和性能优化

云平台监控和性能优化是确保云计算环境中应用程序和系统运行良好的重要实践。通过监控云平台的各项指标和性能参数，并进行优化调整，可以提高应用程序的可靠性、响应速度和用户体验。

1. 云平台监控和性能优化的关键步骤和实践

（1）监控指标的选择　根据应用程序的需求和关键性能指标，选择合适的监控指标，如 CPU 利用率、内存使用、网络延迟、磁盘 IO 等。

（2）实时监控和报警　使用监控工具或云平台提供的监控服务，实时监测云平台的各项指标。设置合适的阈值和报警规则，及时发现和解决潜在问题。

（3）日志分析和故障排查　收集和分析云平台的日志数据，帮助快速定位和解决故障。使用日志分析工具和技术，如 ELK、Splunk 等，进行故障排查和性能优化。

（4）自动化扩展和负载均衡　根据业务需求和监控数据，设置自动化扩展机制，根据负载情况动态调整资源规模。使用负载均衡技术，将流量分发到多个服务器上，提高系统的可用性和性能。

（5）性能优化和调整　根据监控数据和性能分析结果，进行性能优化和调整，如优化数据库查询、缓存策略、网络传输等，提高系统的响应速度和吞吐量。

（6）容量规划和资源管理　根据历史数据和趋势分析，进行容量规划，确保云平台的资源能够满足业务需求。使用资源管理工具，对云平台的资源进行管理和优化，避免资源浪费和不必要的成本。

（7）安全性和性能的平衡　在进行性能优化时，须考虑安全性需求，确保性能优化不会降低系统的安全性。例如，缓存策略和加密算法的选择须综合考虑性能和安全性。

云平台监控和性能优化可以提高应用程序的性能和可靠性，提升用户体验，并降低系统故障的风险。同时，定期评估和更新监控策略和性能优化措施也是保持云平台性能的关键。

2. 3D打印云平台监控和性能优化的关键步骤和实践

3D打印云平台监控和性能优化是一个复杂的过程，应结合各种工具和技术来实现。无论是实时监控、数据分析，还是参数优化，都旨在提高打印效率和质量，降低人力物力消耗。

（1）监控方面　使用专门的软件，如粉末床在线监控软件，实时监控分析打印过程中每层粉末床铺粉情况，及时反馈粉末床上存在的缺陷问题，提醒操作人员调整打印参数避免错误积累，提高打印件的成品率。此外，还有基于补充云、雾和边缘计算技术的CPPS框架，可以提供传统3D打印机的实时在线监控、可视化和控制。还有一种基于云平台的3D打印远程监测系统，可以通过视频传输系统对3D打印机进行实时监控，利用传感器技术获取打印参数并存储。

（2）性能优化方面　通常会包括拓扑优化、后拓扑结构设计、设计验证和参数优化等步骤。例如，拓扑优化基于已知的设计空间和工况条件以及设计约束，考虑工艺约束，可以实现以实现产品性能驱动的设计。

7.4　国内部分3D打印云平台介绍

3D打印云平台服务商主要提供在线3D打印服务，包括设备管理、打印参数优化、在线报价下单等功能。这些服务商通常会提供一站式的解决方案，涵盖从设计优化到打印生产的全过程。

7.4.1 华融普瑞

华融普瑞（https://www.3dpways.com/）属于华融普瑞（北京）科技有限公司，它是国内从3D设计到3D打印（3D CAD to 3DP）整体解决方案提供商。该公司于2016年4月6日成立。业务内容包含3D打印的拓扑优化、3D打印服务、材料定制、设备定制和3D打印设备研发等核心环节。公司总部设在北京，在上海、深圳设有办事处。

华融普瑞全面的3D打印解决方案涵盖金属、非金属及生物3D打印等应用领域，FDM/FFF、SLA/PolyJet、DLP、SLM/SLS、EBM、ADAM等多种3D打印技术，以及丰富多样的3D打印材料，品牌包括奥地利HAGE、美国Markforged、德国EnvisionTEC等，可满足汽车、医疗、航空航天、教育与科研、消费电子、文创及通用设备等行业的应用需求。该3D打印云平台包括桌面级、专业级和工业级等3D打印机在概念建模（建筑模型、市场营销和设计）、功能性原型制作（活动铰链、模拟成形）、制造加工、用途零件等不同领域的应用及案例。

7.4.2 魔猴网

魔猴网（http://www.mohou.com/）隶属于北京易速普瑞科技股份有限公司。该公司成立于2013年7月，目前在北京、湖北、广东、安徽、河北等设立了3D打印研发和服务基地。该公司秉承“创造和分享改变世界”的理念，推出大型3D模型库和3D打印云平台“魔猴mohou.com”。魔猴3D打印云平台的使命是通过互联网技术与3D技术的结合，发展普惠式3D打印等数字化制造服务，主要业务如图7-3所示。

提供包括数控加工、激光切割、3D扫描，3D设计等相关工艺服务：

1）3D打印服务——把3D文件变为3D打印实物产品。

2）3D打印建模——把想法、设计变为3D打印数字文件。

3）3D扫描——把实物变为3D文件。

4）逆向设计——把实物变为可机械加工制造的3D文件。

5）CNC加工——把3D文件变为数控加工实物。

6）激光切割——把2D图样变为激光切割板材。

7）其他工艺——泡沫雕刻、玻璃钢、覆膜、电镀等后处理、补充工艺。

8）设备解决方案——面向3D打印加工中心、大专院校，提供3D打印软件硬件培训/教学资源一体化解决方案。

魔猴网以互联网+3D打印模式，通过3D打印技术，为消费电子、航空航

图 7-3　魔猴 3D 打印云平台主要业务

天、汽车、建筑、机械、医疗等行业提供从一站式解决方案，开创具有前瞻性和示范性的数字技术应用实例。

7.4.3　厚德数字化平台

厚德数字化平台（http://4dholder.com/）隶属于天津微深联创科技有限公司。该公司成立于 2017 年 1 月 19 日，是国内三维数字化技术领域的领军企业。合作企业已达 5000 多家，帮助国企解决专业问题，为瑞典企业瑞声达助听器进行扫描仪设备的设计与开发；政企校联合成立 3D 创新中心；服务高校 2380 多所，与天津大学、沈阳航空航天大学、天津师范大学等多家高校联合建立 3D 实训室，并且每年举办三维数字化技术培训和全国应用型人才技能大赛，将行业联盟和大型平台及媒体资源整合，解决人才实习与就业的出口。

厚德数字化平台主要优势包括：

（1）综合解决方案　根据客户的真实需求，制定最适合的综合解决方案，优化性价比。

（2）一站式服务　提供三维扫描、三维建模、数据处理、逆向工程、3D 打印、后处理等多种 3D 打印服务。

（3）强大的服务能力　拥有分布在十几个城市的技术团队，可随时为不同地区的客户提供上门服务。

（4）数据保密系统　拥有严格的内部保密系统，同时可根据客户的需求，签订具体的保密协议。

厚德数字化平台主要业务如图 7-4 所示。

图 7-4　厚德数字化平台主要业务

7.4.4　四度空间

四度空间（http://rank. chinaz. comwww. 4dkongjian. com/）是由北京四度科技有限公司推出的一款致力于为制造业企业提供三维可视化和信息化的互动营销应用的平台。它利用 3D 虚拟现实技术，多种 3D 打印材料供客户选择（见图 7-5）。此外，该平台还基于数字孪生技术，允许企业在产品设计阶段进行虚拟测试和仿真，提前发现产品潜在的问题和缺陷，并及时进行调整和改进。这有助于降低产品研发的成本，提高产品的质量和性能。

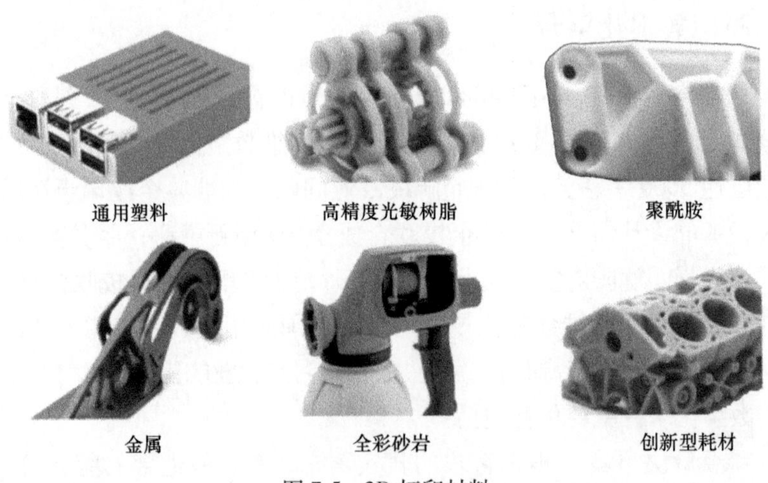

图 7-5　3D 打印材料

在工厂建设与业务拓展方面，四度空间 3D 打印云平台也有其独特的优势。该系统通过人机交互应用与大视角范围内容视觉呈现，具有丰富的工厂业务管理和运营能力等方面的综合展示功能。它可以建立工厂的主体规划，周边地形地貌的三维数据，以及各主要车间和主要作业工艺流程的三维立体图像建模和工艺流程的三维动态模拟，全面展示整体厂区、主要车间及生产线的三维信息。

四度空间3D打印云平台是一个结合了3D打印、数字孪生、物联网等先进技术的综合服务平台，能为企业提供从产品设计、生产制造到营销推广的全流程解决方案。

7.4.5　创想云

创想云（https://www.crealitycloud.cn/）是一体化3D打印平台，致力于降低3D打印门槛，让更多人“爱上”3D打印。该平台的特色在于其“丰富”“便捷”和“有趣”的特性。其中，“丰富”体现在其拥有种类齐全的3D模型库，用户可以在这里找到各类自己感兴趣的模型并进行下载和打印；“便捷”则是指其云端切片及远程打印的功能，用户只需要一部手机就能轻松完成3D打印的全过程，包括模型切片等操作，并且还支持跨组多模型切片，大大节省了用户的时间和精力；而“有趣”则是因为创想云有一个活跃的3D打印社区，在这里，用户可以分享自己的作品，也可以看到其他用户的优秀作品，相互交流3D打印的经验和心得。此外，创想云还支持原创模型付费交易，使得平台的内容更加丰富多彩。

7.4.6　国内其他3D打印云平台

除了上述3D打印云平台，还有众多3D打印云平台，见表7-1。

表7-1　国内其他3D打印云平台

名称	地址	网址	简介
上海交通大学学生创新中心3D打印云平台	上海	https://3d.si.sjtu.edu.cn/	上海交通大学学生创新中心3D打印云平台是一个专为校内师生提供3D打印服务的平台。该平台支持多种文件格式，包括视频（.MP4）、图片（.JPG/.PNG）、模型（STL）等
DAYINCMS	广东	http://demo.dayincms.com/	DAYINCMS是国内第一家专业的3D打印云平台管理建设系统。该系统提供全方位的解决方案，包括3D打印云平台建设、3D打印在线接单系统建设、3D打印网站定制及3D在线报价管理系统
无花果	无锡	http://www.whg3d.com/	该平台针对艺术雕塑、展会展示模型、原型手板、快速验证、工业设计、影视道具、建筑沙盘等行业提供集成方案设计和实施

（续）

名称	地址	网址	简介
打印啦	北京	http://www.dayin.la/	该平台拥有大量的3D打印模型，并且这些模型都可时时更新，可以满足不同用户的需求。除了模型下载服务，还为用户提供了3D模型交易和建模服务，致力于让每一个普通人都能体验到3D打印机的科技生活
数造云	上海	http://www.shuzaoyun.com/	该平台集数字化设计与制造于一体，提供3D模型及STL文件下载、3D打印、3D设计、3D扫描及逆向工程等服务。该平台拥有几十款自主研发的3D扫描与3D打印设备，形成了完整的3D打印制造链，以满足行业客户和终端消费者的多种3D耗材选择

参考文献

[1] ABDULKAREM M K A, LIU J. Customized production based on trusted 3D printing services in the cloud context [J]. Rapid Prototyping Journal, 2023, 29 (3): 474-487.

[2] ZHANG C L, LIU J J, XU B, et al. Architecture of cloud 3D printing task modeling for nodes dynamic scheduling and coupling based on complex networks [J]. IEEE Access, 2020 (99): 1-1.

[3] 邢娇娇，张昉祚，周美玲，等. 基于物联网的3D打印云平台构建与关键技术分析 [J]. 信息技术与信息化，2022，(8)：17-20.

[4] LIU S C, ZHANG L, ZHANG W L, et al. Game theory based multi-task scheduling of decentralized 3D printing services in cloud manufacturing [J]. Neurocomputing, 2021, 446: 74-85.

[5] LUO X, ZHANG L, REN L, et al. A dynamic and static data based matching method for cloud 3D printing [J]. Robotics and Computer-Integrated Manufacturing, 2020, 61: 101858.

[6] 吕文艳. 3D打印云平台体系架构及其关键技术研究 [J]. 数字技术与应用，2020，38 (12)：56-58.

[7] AZIZUR M R, SHIHAB M S, SHARJIL M A, et al. A cloud-based cyber-physical system with industry 4.0: remote and digitized additive manufacturing [J]. Automation, 2022, 3 (3): 400-425.

[8] ZHANG C L, LI Q S, HAN H, et al. Research on a supply-demand matching method for cloud 3D printing services based on complex networks [J]. Soft Computing, 2022, 26 (24): 13583-13604.

[9] 余强，张煜，万长成，等. 云制造环境下3D打印服务组合优化研究［J］. 机械工程师，2023，（7）：112-115，119.

[10] 徐梓然，解乃军，王率帅，等. 基于云计算的3D打印资源共享平台架构设计［J］. 信息记录材料，2023，24（3）：122-125.

[11] CUI J，REN L，MAI J，et al. 3D printing in the context of cloud manufacturing［J］. Robotics and Computer-Integrated Manufacturing，2022，74：102256.

[12] 成方敏，余隋怀，初建杰，等. 基于用户知识存量的3D打印云平台知识服务方法［J］. 计算机集成制造系统，2020，26（9）：2541-2551.

[13] 张飞相. 3D打印技术的发展现状及其商业模式研究［J］. 新闻传播，2016，（3）：51-53.

[14] 李伯虎，张霖，王时龙，等. 云制造——面向服务的网络化制造新模式［J］. 计算机集成制造系统，2010，16（1）：1-7.